Checklisten der Fauna Österreichs, No. 9

Florian M. STEINER, Johann AMBACH, Florian GLASER, Herbert C. WAGNER, Johann MÜLLER & Birgit C. SCHLICK-STEINER:

Formicidae (Insecta: Hymenoptera)

Günther KRISPER, Heinrich SCHATZ & Reinhart SCHUSTER:

Oribatida (Arachnida: Acari)

Herausgegeben von Reinhart Schuster

Serienherausgeber
Peter Schönswetter, Tod Stuessy, Christian Sturmbauer & Hans Winkler

VERLAG DER
ÖSTERREICHISCHEN
AKADEMIE DER
WISSENSCHAFTEN

Titelbild: *Pterochthonius angelus* (Berlese, 1910). — Eine sehr kleine bodenbewohnende Oribatide mit ~ 0,34 mm Körperlänge. Die den Körper bedeckenden strukturierten Platten sind umgewandelte Borsten. Das am Vorderende nach oben abstehende fadenförmige Gebilde ist Teil eines paarigen Sinnesorganes. Gefunden in der Humusschicht eines Mischwaldes im Kaiserbachtal, Tirol. REM-Foto: G. Krisper (1999) in Kooperation mit dem Institut für Elektronenmikroskopie und Nanoanalytik, TU Graz.

Layout & technische Bearbeitung: Karin Windsteig

Checklists of the Austrian Fauna, No. 9. Florian M. Steiner, Johann Ambach, Florian Glaser, Herbert C. Wagner, Johann Müller & Birgit C. Schlick-Steiner: Formicidae (Insecta: Hymenoptera). Günther Krisper, Heinrich Schatz & Reinhart Schuster: Oribatida (Arachnida: Acari).

ISBN 978-3-7001-8199-6, Biosystematics and Ecology Series No. 33, Austrian Academy of Sciences Press; volume editor: Reinhart Schuster, Institute of Zoology, Karl-Franzens-University, Universitätsplatz 2, A-8010 Graz, Austria; series editors: Peter Schönswetter, Institute of Botany, University of Innsbruck, Sternwartestrasse 15, A-6020 Innsbruck, Tod Stuessy, Herbarium, Museum of Biological Diversity, The Ohio State University, 1315 Kinnear Road, Columbus, Ohio 43212, U.S.A., Christian Sturmbauer, Institute of Zoology, Karl-Franzens-University Graz, Universitätsplatz 2, A-8010 Graz & Hans Winkler, Austrian Academy of Sciences, Dr. Ignaz Seipel-Platz 2, A-1010 Vienna, Austria.

A publication of the Commission for Interdisciplinary Ecological Studies (KIÖS)

Checklisten der Fauna Österreichs, No. 9. Florian M. Steiner, Johann Ambach, Florian Glaser, Herbert C. Wagner, Johann Müller & Birgit C. Schlick-Steiner: Formicidae (Insecta: Hymenoptera). Günther Krisper, Heinrich Schatz & Reinhart Schuster: Oribatida (Arachnida: Acari).

ISBN 978-3-7001-8199-6, Biosystematics and Ecology Series No. 33, Verlag der Österreichischen Akademie der Wissenschaften; Bandherausgeber: Reinhart Schuster, Institut für Zoologie, Karl-Franzens-Universität, Universitätsplatz 2, A-8010 Graz, Österreich; Serienherausgeber: Peter Schönswetter, Institut für Botanik, Universität Innsbruck, Sternwartestrasse 15, A-6020 Innsbruck, Tod Stuessy, Herbarium, Museum of Biological Diversity, The Ohio State University, 1315 Kinnear Road, Columbus, Ohio 43212, U.S.A., Christian Sturmbauer, Institut für Zoologie, Karl-Franzens-Universität Graz, Universitätsplatz 2, A-8010 Graz & Hans Winkler, Österreichische Akademie der Wissenschaften, Dr. Ignaz Seipel-Platz 2, A-1010 Vienna, Austria.

Eine Publikation der Kommission für Interdisziplinäre Ökologische Studien (KIÖS)

Inhalt

Vorwort

Die beiden im vorliegenden Band bearbeiteten Arthropodengruppen scheinen schon in der alten Catalogus-Serie auf. Die Bearbeitung der Ameisen erfolgte damals durch HÖLZEL (1964), die der Oribatiden durch SCHATZ (1983). Wenn jetzt, nach nur wenigen Jahrzehnten, diese beiden Tiergruppen für die Checklisten einer Neubearbeitung unterzogen werden, so hat dies zweierlei Gründe. Einerseits haben die inzwischen in den österreichischen Bundesländern in größerem Umfang durchgeführten Aufsammlungen unser landesfaunistisches Wissen beträchtlich erweitert. Andererseits haben bedeutsame Fortschritte in der Systematik und Taxonomie sowohl bei Ameisen als auch bei Oribatiden gravierende Änderungen von Verwandtschaftsbeziehungen zur Folge gehabt.

Die Erforschung der heimischen Ameisen- und Oribatidenfauna kann mit den nunmehr vorgelegten Checklisten allerdings noch nicht als abgeschlossen gelten. Diese aktualisierten Artenlisten sind vielmehr eine zusätzliche Wissensbasis für künftige Untersuchungen.

Reinhart SCHUSTER
Bandherausgeber

Formicidae (Insecta: Hymenoptera)

Florian M. Steiner, Johann Ambach, Florian Glaser, Herbert C. Wagner, Johann Müller & Birgit C. Schlick-Steiner

Summary: Currently, 133 free-living and ten indoor ant species have been reliably recorded for Austria. The records of another seven species are doubtful.

Zusammenfassung: Derzeit sind aus Österreich 133 freilebende und zehn nur aus Gebäuden bekannte Ameisenarten gesichert nachgewiesen. Nachweise von sieben weiteren Arten sind fraglich.

Key Words: Ants, Formicidae, Austria, Checklist, Biodiversity

I Einleitung

Formicidae (Ameisen) sind eine Familie der Ordnung Hymenoptera (Hautflügler). Die letzten gemeinsamen Vorfahren der Ameisen lebten vor 139 bis 158 Millionen Jahren (MOREAU & BELL 2013). Ameisen leben in eusozialen Staaten verwandter Individuen. Während fruchtbare Weibchen (Königinnen) Eier legen, ist die Mehrheit der weiblichen Individuen (Arbeiterinnen) von der Fortpflanzung ausgeschlossen. Bei Arbeiterinnen ist die Weitergabe eigener Gene auf indirekte Fitness beschränkt; sie unterstützen den Staat durch Tätigkeiten wie Brutpflege, Nahrungseintrag, Nestbau und Verteidigung (CROZIER & PAMILO 1996). Diese extreme Form der Kooperation ermöglicht große Biomassen und das Besetzen zentraler ökologischer Nischen (HÖLLDOBLER & WILSON 1990, LACH et al. 2009). Ameisen üben Räuberdruck auf andere Tiere aus, verbreiten Pflanzensamen, belüften den Boden, bieten in ihren Nestern ökologische Nischen für eine Vielzahl myrmekophiler Arthropoden und sind selbst wichtige Nahrungsgrundlage für andere Tiere, um nur einige ihrer ökologischen Rollen zu nennen.

Innerhalb der Ameisen evolvierte mehrfach Sozialparasitismus, also die Abhängigkeit einer sozialen von einer oder mehreren anderen sozialen Arten. In Mitteleuropa ist knapp ein Drittel der Arten temporär oder permanent sozialparasitisch (BUSCHINGER 2009).

In heißen Klimaten, in letzter Zeit jedoch auch vermehrt in den gemäßigten Zonen, findet sich eine Reihe invasiver Ameisenarten, die Ökosysteme verändern können (LACH et al. 2009). In Österreich haben diese bisher keine Bedeutung.

Zum kontinuierlichen Anstieg der Artenzahl in den vergangenen Jahrzehnten trug nicht nur die Erschließung von myrmekologisch vernachlässigten Weltgegenden bei. Auch aus Mitteleuropa, dessen Ameisen im Standardwerk von SEIFERT (2007) umfassend charakterisiert sind, gab es zahlreiche Neubeschreibungen, vor allem durch die Entdeckung kryptischer Arten, zunehmend auch mithilfe molekulargenetischer Methoden in der integrativen Taxonomie (SCHLICK-STEINER et al. 2010). Die wachsende Zahl schwer zu unterscheidender Arten erfordert für faunistische und naturschutzfachliche Arbeiten solide Determinationsausbildung und -erfahrung und unterstreicht die Bedeutung von Belegsammlungen (SCHLICK-STEINER et al. 2003a). Die Mühe bei der Bestimmung von Ameisen ist der Preis für eine hohe ökologische und naturschutzfachliche Aussagekraft der Artenspektren.

II Allgemeiner Teil

1. Erforschungsgeschichte und aktueller Forschungsstand in Österreich

Die myrmekologische Erforschung Österreichs nahm ihren Anfang vielleicht schon Ende des 18. Jahrhunderts, spätestens aber 1802 (AMBACH 2009b). Die letzte Zusammenschau der Ameisen Österreichs, die auch Angaben zum Vorkommen der Arten in einzelnen Bundesländern enthielt, war der Catalogus von HÖLZEL (1966). Dieser führt 92 (inklusive „eingeschleppter und eingeführter") Taxa an, darunter sind nach derzeitigem taxonomischen Stand weniger als 80 gültige Arten, die für Österreich gesichert nachgewiesen sind. Wegen nomenklatorischer Änderungen sind die Daten heute nur teilweise interpretierbar (SCHLICK-STEINER et al. 2003a, AMBACH 2009a).

Die Listen der Ameisen Österreichs von STEINER et al. (2003b) und SEIFERT (2007) enthielten keine Angaben zu den einzelnen Bundesländern. Ihnen lag weitgehend der aktuelle taxonomische Kenntnisstand (September 2017) zugrunde, wenige taxonomische Änderungen erfolgten seither (z. B. STEINER et al. 2010, SEIFERT 2012a, b, SEIFERT & GALKOWSKI 2016, WAGNER et al. 2017).

Für sechs der neun Bundesländer existieren umfassende jüngere Bearbeitungen, die als Grundlage für die Checkliste herangezogen wurden: Kärnten (WAGNER 2014), Niederösterreich (SCHLICK-STEINER et al. 2003b), Oberösterreich (AMBACH 2009a), Tirol (GLASER 2001; Osttirol nicht bearbeitet), Vorarlberg (GLASER 2005) und Wien (STEINER et al. 2003a). Seit diesen bundeslandweiten Bearbeitungen sind mehrere regional- und lokalfaunistische Arbeiten erschienen, die aus pragmatischen Gründen hier nicht angeführt werden. Nur lokalfaunistische Arbeiten liegen für Burgenland (z. B. ASSING 1987, SCHLICK-STEINER et al. 2006b), Steiermark (z. B. BREGANT 1998, WAGNER 2010, WAGNER et al. 2010) und Salzburg (z. B. WEBER 2003) vor. Wegen des stark unterschiedlichen Durchforschungsgrades können die Artenzahlen der Bundesländer nicht verglichen werden. Es ist daher nur bedingt möglich, aus fehlenden Nachweisen auf biogeographische Muster zu schließen.

Für Niederösterreich, Vorarlberg, Oberösterreich und Kärnten gibt es Gefährdungseinstufungen (SCHLICK-STEINER et al. 2003b, GLASER 2005, AMBACH 2009a, WAGNER 2014); eine nationale Bearbeitung ist ausständig. Besonders gefährdet sind an oligotrophe Offenstandorte (Heißländen, Magerrasen, Moore, Sand- und Schotterbänke) und totholzreiche Altholzbestände gebundene Spezialisten (GLASER 2009).

Danksagung: Für Datensätze, Diskussion und Hilfe bedanken wir uns herzlich bei Christian BERG, Roman BOROVSKY, Volker BOROVSKY, Eugen BREGANT †, Alfred BUSCHINGER, Erhard CHRISTIAN, Christian DIETRICH, Tamara FELLNER, Konrad FIEDLER, Iphigenie JÄGER, Jasmin KLARICA, Alois KOFLER, Gernot KUNZ, Robert LINDNER, Holger MARTZ, Stefan SCHÖDL †, Reinhart SCHUSTER, Bernhard SEIFERT, Melanie TISTA, Ursula WINTER, Herbert ZETTEL und Erich ZORMANN.

III Spezieller Teil

Als gesichert nachgewiesen listen wir für Österreich 133 freilebende Arten aus 31 Gattungen und fünf Unterfamilien. Hinzu kommen zehn Arten, die nur aus Gebäuden bekannt sind. Nicht in die Liste aufgenommen wurden sieben Arten, die im Abschnitt Problematica besprochen werden. Unter Berücksichtigung der freilebenden Arten hat Österreich einen Anteil von ein Prozent an den aktuell 13.265 Arten der Welt (BOLTON 2016) und von 21 % an den 622 Arten Europas (BOROWIEC 2014).

Die Nomenklatur folgt BOLTON (2016). Die von WARD et al. (2015) vorgeschlagenen Änderungen bleiben wegen ihrer fraglichen praktischen Anwendbarkeit unberücksichtigt. Der bisher nicht allgemein anerkannten Synonymisierung von *Temnothorax saxonicus* (SEIFERT, 1995) unter *Temnothorax tergestinus* (FINZI, 1928) durch Csősz et al. (2015) wird nicht gefolgt. Zusätzlich enthält unsere Liste eine bisher nur unter Codenamen verfügbare Art: *Messor* sp. B sensu SCHLICK-STEINER et al. (2006a). Wir verwenden keine deutschen Artnamen, da diese nicht für alle Arten verfügbar und nicht immer eindeutig sind (z. B. „Rasenameisen" für alle heimischen *Tetramorium*-Arten und „Holzameisen" für manche Arten der Gattungen *Lasius* und *Camponotus*).

Bis zu einem Viertel der mitteleuropäischen Ameisenarten wird wahrscheinlich zumindest gelegentlich fehlbestimmt (STEINER et al. 2005), bei schwierigen Artengruppen könnte sogar mehr als die Hälfte der Individuen davon betroffen sein (SEIFERT 2011). Um das Tradieren von Fehlern zu vermeiden, haben wir aus der Literatur nur folgende Verbreitungsdaten übernommen: (i) Angaben zu Arten, die wir für unverwechselbar halten (*Anergates atratulus, Aphaenogaster subterranea, Colobopsis truncata, Dolichoderus quadripunctatus, Formica sanguinea, F. truncorum, Formicoxenus nitidulus, Harpagoxenus sublaevis, Lasius fuliginosus, Liometopum microcephalum, Manica rubida, Monomorium pharaonis, Myrmecina graminicola, Polyergus rufescens, Solenopsis fugax, Stenamma debile, Strongylognathus testaceus*); (ii) Angaben zu schwieriger zu bestimmenden Arten ab dem Zeitpunkt der jüngsten sie betreffenden taxonomischen Änderung (z. B. *Myrmica lobicornis* ab SEIFERT 2005, der *Myrmica lobulicornis* in den Artstatus hob); (iii) Angaben zu gemäß aktueller Taxonomie (September 2017) bestimmten Belegexemplaren.

Ost- und Nordtirol werden zusammengefasst. Belege von Arten, die aus Osttirol (KOFLER 1978, 1995), nicht aber aus Nordtirol gemeldet sind, wurden in der Ameisensammlung KOFLER am Ferdinandeum Innsbruck überprüft.

Abkürzungen

Nur aus Gebäuden bekannte Arten sind mit * ausgewiesen. Bei nomenklatorischen Änderungen sind die von STEINER et al. (2003b) bzw. SEIFERT (2007) verwendeten Artbezeichnungen zusätzlich in [ ] angeführt.

Kürzel der Bundesländer bei den Verbreitungsangaben (Verbr.):

B	=	Burgenland
K	=	Kärnten
N	=	Niederösterreich
O	=	Oberösterreich
S	=	Salzburg
St	=	Steiermark
T	=	Tirol
V	=	Vorarlberg
W	=	Wien

Österreichische Typuslokalitäten (loc. typ.) sind angegeben.

Die ökologischen Einschätzungen (Ökol.) folgen dem System aus SEIFERT (2007); hinzugefügt wurde die Höhenstufe „alpin"; die Kategorie „boreal" wurde nicht berücksichtigt. Die Einstufungen der Arten, die primär auf den Verhältnissen in Deutschland beruhen, wurden an die Situation in Österreich angepasst. Bei in Deutschland nicht nachgewiesenen Arten wurde die Einstufung aufgrund von Literaturangaben und eigenen Daten vorgenommen.

Kürzel der ökologischen Einschätzungen:

a	=	alpin
ad	=	Adventivart
ar	=	arboricol
c	=	collin
E	=	eurytope Art
F	=	Felsen

h	=	hygrophil

h   =   hygrophil
ha   =   halophil
M   =   Moore
m   =   montan
O   =   offene Landschaft
OB =   offene Landschaft mit Hecken, Feldgehölzen, Waldsäumen
OF =   offene Landschaft, Feuchthabitate
OM =   offene Landschaft, mesophile Habitate
OS =   offene Landschaft, Sand- und Kiesbänke
OT =   offene Landschaft, Trockenhabitate
p   =   planar
S   =   Siedlungsgebiet, Städte
sa   =   subalpin
SG =   innerhalb von Gebäuden
sm =   submontan
sp   =   Sozialparasit
t   =   thermophil
W   =   Wald und waldähnliche Gehölze
WL =   Laubwald, Laubmischwald
WN =   Nadelwald
WT =   thermophiler Wald

1. Liste der in Österreich nachgewiesenen Arten

Gattung *Anergates* Forel, 1874

Anergates atratulus (Schenck, 1852)
> Verbr.: B, K, N, O, St
> Ökol.: OB, OT, S, t, p-c, sp

Gattung *Aphaenogaster* Mayr, 1853

Aphaenogaster subterranea (Latreille, 1798)
> Verbr.: B, K, N, O, St, V, W
> Ökol.: OB, WL, t, p-c

Gattung *Bothriomyrmex* EMERY, 1869

Bothriomyrmex communistus SANTSCHI, 1919
>[STEINER et al. (2003b): *Bothriomyrmex* sp.]
>Verbr.: N
>Ökol.: F, OT, t, p-c, sp

Bothriomyrmex corsicus SANTSCHI, 1923
>[STEINER et al. (2003b): *Bothriomyrmex* sp.; SEIFERT (2007): *Bothriomyrmex gibbus* SOUDEK, 1925 und *Bothriomyrmex menozzii* EMERY, 1925]
>Verbr.: N
>Ökol.: F, OT, t, p-c, sp

Gattung *Camponotus* MAYR, 1861

Camponotus aethiops (LATREILLE, 1798)
>Verbr.: B, K, N, St, W
>Ökol.: OT, t, p-c

Camponotus atricolor (NYLANDER, 1849)
>Verbr.: B, N
>Ökol.: OT, t, p-c

Camponotus fallax (NYLANDER, 1856)
>Verbr.: B, K, N, O, St, T, V, W
>Ökol.: OB, W, S, ar, t, p-sm

Camponotus herculeanus (LINNAEUS, 1758)
>Verbr.: K, N, O, St, T, V, W
>Ökol.: OB, W, WN, ar, c-sa

Camponotus lateralis (OLIVIER, 1792)
>Verbr.: K, St
>Ökol.: ad, S, t, p-c

Camponotus ligniperda (LATREILLE, 1802)
>Verbr.: B, K, N, O, S, St, T, V, W
>Ökol.: OB, W, p-m

Camponotus piceus (LEACH, 1825)
>Verbr.: B, K, N, O, St, W
>Ökol.: OB, OT, t, p-c

Camponotus vagus (SCOPOLI, 1763)
>Verbr.: B, K, N, O, St, T, V, W
>Ökol.: OB, OT, WT, t, p-sm

Gattung *Colobopsis* MAYR, 1861

Colobopsis truncata (SPINOLA, 1808)
>Verbr.: B, K, N, O, St, T, V, W
>Ökol.: OB, S, W, ar, t, p-sm

Gattung *Crematogaster* LUND, 1831

Crematogaster scutellaris (OLIVIER, 1792)
> Verbr.: N, O
> Ökol.: ad (?), OB, ar, t, p-c

Gattung *Dolichoderus* LUND, 1831

Dolichoderus quadripunctatus (LINNAEUS, 1771)
> Verbr.: B, K, N, O, S, St, T, V, W
> Ökol.: OB, S, W, ar, p-sm

Gattung *Formica* LINNAEUS, 1758

Formica aquilonia YARROW, 1955
> Verbr.: K, N, O, S, St, T, V
> Ökol.: OB, W, m-sa, sp

Formica bruni KUTTER, 1967
> Verbr.: N
> Ökol.: OT, c, sp

Formica cinerea MAYR, 1853
> Verbr.: K, T
> Ökol.: OS, OT, t, c-m

Formica clara FOREL, 1886
> [STEINER et al. (2003b), SEIFERT (2007): *Formica lusatica* SEIFERT, 1997]
> Verbr.: B, N, St, T, V, W
> Ökol.: OT, t, p-sm

Formica cunicularia LATREILLE, 1798
> Verbr.: B, K, N, O, S, St, T, V, W
> Ökol.: OB, OT, S, p-m

Formica exsecta NYLANDER, 1846
> Verbr.: B, K, N, O, S, St, T, V
> Ökol.: O, M, WN, c-a, sp

Formica foreli BONDROIT, 1918
> Verbr.: T
> Ökol.: OM, OT, sm, sp

Formica fusca LINNAEUS, 1758
> Verbr.: B, K, N, O, S, St, T, V, W
> Ökol.: O, W, p-sa

Formica fuscocinerea FOREL, 1874
> Verbr.: K, N, O, S, St, T, V, W
> Ökol.: OS, OT, S, t, p-m

Formica gagates LATREILLE, 1798
> Verbr.: B, N, St, W
> Ökol.: WT, t, p-c

Formica lemani BONDROIT, 1917
Verbr.: K, N, O, St, T, V
Ökol.: M, O, W, m-a

Formica lugubris ZETTERSTEDT, 1838
Verbr.: K, N, O, S, St, T, V
Ökol.: OB, W, m-sa, sp

Formica paralugubris SEIFERT, 1996
Verbr.: T, V
Ökol.: OB, W, m-sa, sp

Formica picea NYLANDER, 1846
[STEINER et al. (2003b): *Formica transkaucasica* NASSONOV, 1889]
Verbr.: K, N, O, S, St, T, V
Ökol.: M, OB, OF, h, p-sa

Formica polyctena FOERSTER, 1850
Verbr.: B, K, N, O, S, St, T, V, W
Ökol.: OB, W, p-m, sp

Formica pratensis RETZIUS, 1783
Verbr.: B, K, N, O, St, T, V, W
Ökol.: OB, OT, p-m, sp

Formica pressilabris NYLANDER, 1846
Verbr.: V
Ökol.: OB, OM, OT, t, m-sa, sp

Formica rufa LINNAEUS, 1761
Verbr.: B, K, N, O, St, T, V, W
Ökol.: OB, W, p-m, sp

Formica rufibarbis FABRICIUS, 1793
Verbr.: B, K, N, O, S, St, T, V, W
Ökol.: OB, OT, S, t, p-m

Formica sanguinea LATREILLE, 1798
Verbr.: B, K, N, O, S, St, T, V, W
Ökol.: OB, OT, WT, p-sa, sp

Formica selysi BONDROIT, 1918
Verbr.: K, T, V
Ökol.: OS, OT, t, c-m

Formica suecica ADLERZ, 1902
Verbr.: T
Ökol.: M, OB, WN, sa, sp

Formica truncorum FABRICIUS, 1804
Verbr.: B, K, N, O, S, St, T, V, W
Ökol.: OB, t, p-sa, sp

Gattung *Formicoxenus* Mayr, 1855

Formicoxenus nitidulus (Nylander, 1846)
    Verbr.: B, K, N, O, S, St, T, V, W
    Ökol.: OB, W, p-sa, sp

Gattung *Harpagoxenus* Forel, 1893

Harpagoxenus sublaevis (Nylander, 1849)
    Verbr.: K, N, O, S, St, T, V
    Ökol.: OB, W, c-sa, sp

Gattung *Hypoponera* Santschi, 1938

Hypoponera punctatissima (Roger, 1859)
    Verbr.: N, O, T, W
    Ökol.: ad (?), O, S, t, p-c

Gattung *Lasius* Fabricius, 1804

Lasius alienus (Foerster, 1850)
    Verbr.: B, K, N, St, W
    Ökol.: OB, OT, S, t, p-c

Lasius austriacus Schlick-Steiner, 2003
    [Steiner et al. (2003b): *Lasius* sp.]
    Verbr.: B, N
    loc. typ.: Feldberg bei Pulkau, N (Schlick-Steiner et al. 2003c)
    Ökol.: F, OT, t, p-c

Lasius balcanicus Seifert, 1988
    Verbr.: B
    Ökol.: OT, t, p, sp

Lasius bicornis (Foerster, 1850)
    Verbr.: K, N, St, W
    Ökol.: OB, S, WL, p-c, sp

Lasius bombycina Seifert & Galkowski, 2016
    [Steiner et al. (2003b), Seifert (2007): *Lasius paralienus* Seifert, 1992]
    Verbr.: B
    Ökol.: OT, p, t

Lasius brunneus (Latreille, 1798)
    Verbr.: B, K, N, O, St, T, V, W
    Ökol.: OB, S, W, ar, p-m

Lasius citrinus Emery, 1922
    Verbr.: K, N, O, St
    Ökol.: OB, WL, t, c-sm, sp

Lasius distinguendus (EMERY, 1916)
    Verbr.: B, K, N, O, St, T, V, W
    Ökol.: OM, OT, t, p-sm, sp

Lasius emarginatus (OLIVIER, 1792)
    Verbr.: B, K, N, O, St, T, V, W
    Ökol.: F, S, WT, t, p-sm

Lasius flavus (FABRICIUS, 1782)
    Verbr.: B, K, N, O, S, St, T, V, W
    Ökol.: O, S, WT, p-m

Lasius fuliginosus (LATREILLE, 1798)
    Verbr.: B, K, N, O, S, St, T, V, W
    Ökol.: OB, W, p-m, sp

Lasius jensi SEIFERT, 1982
    Verbr.: B, N, St, W
    Ökol.: OT, t, p-c, sp

Lasius meridionalis (BONDROIT, 1920)
    Verbr.: B, K, N, O, St, T, V
    Ökol.: OS, OT, t, p-m, sp

Lasius mixtus (NYLANDER, 1846)
    Verbr.: B, K, N, O, S, St, T, V, W
    Ökol.: O, W, p-m, sp

Lasius myops FOREL, 1894
    Verbr.: B, K, N, O, St, W
    Ökol.: OB, OT, t, p-c

Lasius niger (LINNAEUS, 1758)
    Verbr.: B, K, N, O, S, St, T, V, W
    Ökol.: O, S, p-m

Lasius nitidigaster SEIFERT, 1996
    Verbr.: B, N
    Ökol.: OT, t, p-c, sp

Lasius paralienus SEIFERT, 1992
    Verbr.: B, K, N, O, S, St, T, V, W
    Ökol.: F, OS, OT, WT, t, p-m

Lasius platythorax SEIFERT, 1991
    Verbr.: B, K, N, O, S, St, T, V, W
    Ökol.: M, OF, W, p-m

Lasius psammophilus SEIFERT, 1992
    Verbr.: K, N, O, St, T, W
    Ökol.: F, OB, OS, OT, WT, t, p-m

Lasius reginae FABER, 1967
    Verbr.: N, T
    loc. typ.: Trandorf, N (FABER 1967)
    Ökol.: F, OT, t, c-m, sp

Lasius sabularum (Bondroit, 1918)
> Verbr.: K, N, O, St, T, V
> Ökol.: OB, OT, S, p-m, sp

Lasius umbratus (Nylander, 1846)
> Verbr.: B, K, N, O, St, T, V, W
> Ökol.: O, S, W, p-m, sp

Gattung *Leptothorax* Mayr, 1855

Leptothorax acervorum (Fabricius, 1793)
> Verbr.: K, N, O, S, St, T, V, W
> Ökol.: M, OB, W, c-a

Leptothorax goesswaldi Kutter, 1967
> Verbr.: K
> Ökol.: O, a, sp

Leptothorax gredleri Mayr, 1855
> Verbr.: B, K, N, O, S, St, T, V, W
> loc. typ.: Prater, Schönbrunn, W; Fuschertal, S (Mayr 1855)
> Ökol.: OB, WL, p-m

Leptothorax kutteri Buschinger, 1966
> [Steiner et al. (2003b): *Doronomyrmex kutteri* (Buschinger, 1965)]
> Verbr.: N, S, St, T
> Ökol.: WN, c-sa, sp

Leptothorax muscorum (Nylander, 1846)
> Verbr.: K, N, O, St, T, V, W
> Ökol.: M, OB, W, p-sa

Leptothorax pacis (Kutter, 1945)
> [Steiner et al. (2003b): *Doronomyrmex pacis* Kutter, 1950]
> Verbr.: S, T
> Ökol.: F, OB, WN, m-sa, sp

Gattung *Linepithema* Mayr, 1866

* ***Linepithema humile*** (Mayr, 1868)
> Verbr.: N, T, W
> Ökol.: ad, SG

* ***Linepithema leucomelas*** (Emery, 1894)
> Verbr.: W
> Ökol.: ad, SG

Gattung *Liometopum* Mayr, 1861

Liometopum microcephalum (Panzer, 1798)
> Verbr.: B, N, St, W
> loc. typ.: "Austria" (Panzer 1798)
> Ökol.: OB, WL, WT, ar, t, p-c

Gattung *Manica* Jurine, 1807

Manica rubida (Latreille, 1802)
Verbr.: K, N, O, S, St, T, V
Ökol.: O, S, c-sa

Gattung *Messor* Forel, 1890

Messor sp. B sensu Schlick-Steiner et al. (2006a)
[Steiner et al. (2003b): *Messor structor* (Latreille, 1798); Seifert (2007): *Messor* cf. *structor* sp. B]
Verbr.: B, N, W
Ökol.: F, OT, t, p-c

Gattung *Monomorium* Mayr, 1855

* **Monomorium floricola** (Jerdon, 1851)
Verbr.: O, S, W
Ökol.: ad, SG

* **Monomorium monomorium** Bolton, 1987
Verbr.: N
Ökol.: ad, SG

* **Monomorium pharaonis** (Linnaeus, 1758)
Verbr.: K, N, O, St, T, W
Ökol.: ad, SG

Gattung *Myrmecina* Curtis, 1829

Myrmecina graminicola (Latreille, 1802)
Verbr.: B, K, N, O, S, St, T, V, W
Ökol.: O, S, W, t, p-m

Gattung *Myrmica* Latreille, 1804

Myrmica constricta Karavaiev, 1934
[Steiner et al. (2003b), Seifert (2007): *Myrmica hellenica* Finzi, 1926]
Verbr.: K, N, O, S, St, T, V
Ökol.: OS, OT, t, p-m

Myrmica curvithorax Bondroit, 1920
[Steiner et al. (2003b), Seifert (2007): *Myrmica salina* Ruzsky, 1905]
Verbr.: B, N, St, W
Ökol.: O, ha, t, p-c

Myrmica deplanata Emery, 1921
[Steiner et al. (2003b), Seifert (2007): *Myrmica lacustris* Ruzsky, 1905]
Verbr.: B, N
Ökol.: F, OT, t, p-c

Myrmica gallienii Bondroit, 1920
> Verbr.: B, N, O, T, V
> Ökol.: M, OF, h, p-sm

Myrmica hirsuta Elmes, 1978
> Verbr.: B, K, St, T
> Ökol.: OT, p-m, sp

Myrmica karavajevi (Arnoldi, 1930)
> [Steiner et al. (2003b): *Symbiomyrma karavajevi* Arnoldi, 1930]
> Verbr.: N, O, V
> Ökol.: M, c-m, sp

Myrmica lobicornis Nylander, 1846
> [Steiner et al. (2003b): *Myrmica lobicornis* Nylander, 1846 partim]
> Verbr.: K, N, O, St, T, V, W
> Ökol.: OB, OT, WN, WT, p-sa

Myrmica lobulicornis Nylander, 1857
> [Steiner et al. (2003b): *Myrmica lobicornis* Nylander, 1846 partim]
> Verbr.: K, N, O, St, T, V
> Ökol.: OB, OT, WN, m-a

Myrmica lonae Finzi, 1926
> Verbr.: K, N, O, St, T, V, W
> Ökol.: F, OT, WT, t, c-m

Myrmica rubra (Linnaeus, 1758)
> [Steiner et al. (2003b): *Myrmica rubra* (Linnaeus, 1758) und *M. microrubra* Seifert, 1993]
> Verbr.: B, K, N, O, S, St, T, V, W
> Ökol.: O, S, W, p-m

Myrmica ruginodis Nylander, 1846
> Verbr.: B, K, N, O, S, St, T, V, W
> Ökol.: M, O, W, p-sa

Myrmica rugulosa Nylander, 1849
> Verbr.: B, K, N, O, St, T, V, W
> Ökol.: OS, OT, S, t, p-m

Myrmica sabuleti Meinert, 1861
> Verbr.: B, K, N, O, S, St, T, V, W
> Ökol.: OB, OT, S, WT, t, c-m

Myrmica scabrinodis Nylander, 1846
> Verbr.: B, K, N, O, St, T, V, W
> Ökol.: M, OF, O, h, p-sa

Myrmica schencki Viereck, 1903
> Verbr.: B, K, N, O, S, St, T, V, W
> Ökol.: OB, OT, S, WT, p-m

Myrmica specioides Bondroit, 1918
> Verbr.: B, N, O, St, T, V, W
> Ökol.: OT, S, WT, t, p-c

Myrmica sulcinodis NYLANDER, 1846
  Verbr.: K, N, O, St, T, V
  Ökol.: OB, OT, WN, m-sa
Myrmica vandeli BONDROIT, 1920
  Verbr.: N, T, V
  Ökol.: M, OF, h, c-m, sp

Gattung *Myrmoxenus* RUZSKY, 1902

Myrmoxenus ravouxi (ANDRÉ, 1896)
  Verbr.: B, K, N, St, T, V, W
  Ökol.: OB, OT, W, ar, t, p-sm, sp
Myrmoxenus stumperi (KUTTER, 1950)
  Verbr.: T
  Ökol.: OT, t, m-sa, sp

Gattung *Pheidole* WESTWOOD, 1839

* *Pheidole parva* MAYR, 1865
  Verbr.: W
  Ökol.: ad, SG

Gattung *Plagiolepis* MAYR, 1861

Plagiolepis ampeloni (FABER, 1969)
  Verbr.: N
  loc. typ.: Trandorf, N (FABER 1969)
  Ökol.: OT, t, c, sp
Plagiolepis pygmaea (LATREILLE, 1798)
  Verbr.: K, N, O, St, W
  Ökol.: F, OB, OT, t, p-c
Plagiolepis vindobonensis LOMNICKI, 1925
  Verbr.: B, K, N, W
  loc. typ.: Sievering, W (LOMNICKI 1925)
  Ökol.: F, OT, t, p-m
Plagiolepis xene STÄRCKE, 1936
  Verbr.: W
  Ökol.: OB, t, p, sp

Gattung *Polyergus* LATREILLE, 1804

Polyergus rufescens (LATREILLE, 1798)
  Verbr.: B, K, N, O, St, T, W
  Ökol.: OB, OT, WT, t, p-m, sp

Gattung *Ponera* Latreille, 1804

Ponera coarctata (Latreille, 1802)
Verbr.: K, N, O, S, St, T, V, W
Ökol.: OB, OT, OM, S, WL, WT, t, p-m

Ponera testacea Emery, 1895
[Steiner et al. (2003b): *Ponera* sp.]
Verbr.: N, O, St, T, V, W
Ökol.: OB, OT, t, p-c

Gattung *Prenolepis* Mayr, 1861

Prenolepis nitens (Mayr, 1853)
Verbr.: B, K, N, St, W
Ökol.: OB, WT, t, p-c

Gattung *Proceratium* Roger, 1863

Proceratium melinum (Roger, 1860)
Verbr.: B, K, N, O, St, W
Ökol.: OB, S, t, p-c

Gattung *Solenopsis* Westwood, 1840

Solenopsis fugax (Latreille, 1798)
Verbr.: B, K, N, O, St, T, V, W
Ökol.: F, OB, OT, S, t, p-m

Gattung *Stenamma* Westwood, 1839

Stenamma debile (Foerster, 1850)
Verbr.: B, K, N, O, S, St, T, V, W
Ökol.: S, W, p-m

Gattung *Strongylognathus* Mayr, 1853

Strongylognathus testaceus (Schenck, 1852)
Verbr.: B, K, N, O, St, T
Ökol.: OB, OT, t, p-c, sp

Gattung *Strumigenys* Smith, 1860

Strumigenys argiola (Emery, 1869)
Verbr.: K, N
Ökol.: OT, S, t, p-c

Gattung *Tapinoma* FOERSTER, 1850

Tapinoma erraticum (LATREILLE, 1798)
    Verbr.: B, K, N, O, St, T, V, W
    Ökol.: F, OB, OT, S, t, p-m

* ***Tapinoma melanocephalum*** (FABRICIUS, 1793)
    Verbr.: W
    Ökol.: ad, SG

Tapinoma subboreale SEIFERT, 2012
    [STEINER et al. (2003b): *Tapinoma ambiguum* EMERY, 1925]
    Verbr.: B, K, N, O, St, T, V, W
    Ökol.: F, OB, OT, WT, t, p-m

Gattung *Technomyrmex* MAYR, 1872

* ***Technomyrmex vitiensis*** MANN, 1921
    [STEINER et al. (2003b): *Technomyrmex albipes* (SMITH, 1861)]
    Verbr.: K, St, W
    Ökol.: ad, SG

Gattung *Temnothorax* MAYR, 1861

Temnothorax affinis (MAYR, 1855)
    [STEINER et al. (2003b): *Leptothorax affinis* MAYR, 1855]
    Verbr.: B, K, N, O, St, T, V, W
    loc. typ.: Prater, W (MAYR 1855)
    Ökol.: OB, S, W, ar, t, p-m

Temnothorax albipennis (CURTIS, 1854)
    [STEINER et al. (2003b): *Leptothorax albipennis* (CURTIS, 1854)]
    Verbr.: N, T, V, W
    Ökol.: F, OB, OT, WT, t, p-m

Temnothorax clypeatus (MAYR, 1853)
    [STEINER et al. (2003b): *Leptothorax clypeatus* (MAYR, 1853)]
    Verbr.: B, K, N, St, W
    loc. typ.: Prater, W (MAYR 1853)
    Ökol.: WL, WT, ar, t, p-c

Temnothorax corticalis (SCHENCK, 1852)
    [STEINER et al. (2003b): *Leptothorax corticalis* (SCHENCK, 1852)]
    Verbr.: B, K, N, O, St, T, V, W
    Ökol.: OB, W, ar, t, p-c

Temnothorax crassispinus (KARAVAIEV, 1926)
    [STEINER et al. (2003b): *Leptothorax crassispinus* KARAWAJEW, 1926]
    Verbr.: B, K, N, O, S, St, T, W
    Ökol.: OB, W, p-m

Temnothorax interruptus (Schenck, 1852)
> [Steiner et al. (2003b): *Leptothorax interruptus* (Schenck, 1852)]
> Verbr.: B, K, N, O, S, St, T, W
> Ökol.: OS, OT, t, c-m

Temnothorax jailensis (Arnoldi, 1977)
> [Steiner et al. (2003b): *Leptothorax jailensis* Arnoldi, 1977]
> Verbr.: N
> Ökol.: OB, ar, t, p

Temnothorax lichtensteini (Bondroit, 1918)
> [Seifert (2007): *Temnothorax lichtensteini* sp. 2]
> Verbr.: K
> Ökol.: WT, t, p-sm

Temnothorax nigriceps (Mayr, 1855)
> [Steiner et al. (2003b): *Leptothorax nigriceps* Mayr, 1855]
> Verbr.: K, N, O, S, St, T, V, W
> loc. typ.: Fahrafeld bei Pottenstein, N (Mayr 1855)
> Ökol.: F, OS, OT, c-sa

Temnothorax nylanderi (Foerster, 1850)
> [Steiner et al. (2003b): *Leptothorax nylanderi* (Foerster, 1850)]
> Verbr.: V
> Ökol.: OB, W, c-m

Temnothorax parvulus (Schenck, 1852)
> [Steiner et al. (2003b): *Leptothorax parvulus* (Schenck, 1852)]
> Verbr.: K, N, O, St, T, W
> Ökol.: WL, WT, t, p-sm

Temnothorax saxonicus (Seifert, 1995)
> [Steiner et al. (2003b): *Leptothorax sordidulus* Müller, 1923 partim]
> Verbr.: B, N, O, St, W
> Ökol.: F, OB, WL, WT, t, p-c

Temnothorax sordidulus (Müller, 1923)
> [Steiner et al. (2003b): *Leptothorax sordidulus* Müller, 1923 partim]
> Verbr.: K, T
> Ökol.: F, OB, WT, t, p-m

Temnothorax tuberum (Fabricius, 1775)
> [Steiner et al. (2003b): *Leptothorax tuberum* (Fabricius, 1775)]
> Verbr.: K, N, O, St, T, V
> Ökol.: F, OB, OS, OT, WT, t, c-sa

Temnothorax turcicus (Santschi, 1934)
> Verbr.: N, W
> Ökol.: WT, ar, t, p-c

Temnothorax unifasciatus (Latreille, 1798)
> [Steiner et al. (2003b): *Leptothorax unifasciatus* (Latreille, 1798)]
> Verbr.: B, K, N, O, S, St, T, V, W
> Ökol.: OB, OT, S, WT, t, p-m

Gattung *Tetramorium* Mayr, 1855

Tetramorium alpestre Steiner et al., 2010

[Steiner et al. (2003b): *Tetramorium caespitum* (Linnaeus, 1758) partim und
Tetramorium impurum (Foerster, 1850) partim; Seifert (2007): *Tetramorium* sp. A]
Verbr.: K, O, St, T
loc. typ.: Vent, T (Steiner et al. 2010)
Ökol.: OB, OT, t, m-a

* *Tetramorium bicarinatum* (Nylander, 1846)

Verbr.: N, W
Ökol.: ad, SG

Tetramorium caespitum (Linnaeus, 1758)

[Steiner et al. (2003b): *Tetramorium caespitum* (Linnaeus, 1758) partim und
Tetramorium impurum (Foerster, 1850) partim; Seifert (2007): *Tetramorium caespitum*
(Linnaeus, 1758) und *Tetramorium* sp. B]
Verbr.: B, K, N, O, St, T, V, W
Ökol.: OB, OT, S, t, p-m

Tetramorium ferox Ruzsky, 1903

Verbr.: B, N
Ökol.: OT, t, p-c

Tetramorium hungaricum Röszler, 1935

Verbr.: B, N
Ökol.: OT, t, p-c

Tetramorium immigrans Santschi, 1927

[Steiner et al. (2003b): *Tetramorium caespitum* (Linnaeus, 1758) partim und
Tetramorium impurum (Foerster, 1850) partim]
Verbr.: K, N, St, W
Ökol.: F, OT, S, t, p-c

Tetramorium impurum (Foerster, 1850)

[Steiner et al. (2003b): *Tetramorium caespitum* (Linnaeus, 1758) partim und
Tetramorium impurum (Foerster, 1850) partim]
Verbr.: K, N, S, St, T, V
Ökol.: OB, OT, S, t, p-m

* *Tetramorium insolens* (Smith, 1861)

Verbr.: W
Ökol.: ad, SG

Tetramorium moravicum Kratochvíl, 1941

Verbr.: B, N
Ökol.: OT, t, p-c

Tetramorium staerckei Kratochvíl, 1944

[Steiner et al. (2003b): *Tetramorium caespitum* (Linnaeus, 1758) partim und
Tetramorium impurum (Foerster, 1850) partim]
Verbr.: B, K, N, W
Ökol.: OT, t, p-c

Steiner et al.

2. Problematica

Die Vorkommen folgender Arten für Österreich sind fraglich:

Aphaenogaster gibbosa (LATREILLE, 1798): Angabe in HÖLZEL (1966)
Aphaenogaster sp.: Angabe in STEINER et al. (2003b)
Camponotus dalmaticus (NYLANDER, 1849): Angabe in STEINER et al. (2003b)
Temnothorax luteus FOREL, 1874: Angabe in HÖLZEL (1966)
Tetramorium guineense (FABRICIUS, 1793): Angabe in HÖLZEL (1966)
Tetramorium sp. C sensu SCHLICK-STEINER et al. (2006c): Angaben in SEIFERT (2007), GLASER (2013)
Myrmica obscura FINZI, 1926: Angabe in HÖLZEL (1966)

Vorkommen in Österreich zu erwarten:

Lasius neglectus VAN LOON, BOOMSMA & ANDRASFALVY, 1990, eine in weiten Teilen Europas invasive Ameise (CREMER et al. 2008), wurde im deutschen Donautal unweit Österreichs nachgewiesen (ESPADALER & BERNAL 2003).

IV Literatur

AMBACH, J. 2009a: Kommentierte Checkliste der Ameisen Oberösterreichs mit einer Einstufung ihrer Gefährdung (Hymenoptera, Formicidae). — Beiträge zur Naturkunde Oberösterreichs **19**: 3–48.

AMBACH, J. 2009b: Zur Geschichte und Entwicklung der Myrmekologie in Österreich. — Denisia **25**: 37–52.

ASSING, V. 1987: Zur Kenntnis der Ameisenfauna (Hym.: Formicidae) des Neusiedlerseegebiets. — Burgenländische Heimatblätter **49**: 74–90.

BOLTON, B. 2016: An online catalog of the ants of the world. — <antcat.org>, abgefragt am 14. August 2017.

BOROWIEC, L. 2014: Catalogue of ants of Europe, the Mediterranean Basin and adjacent regions (Hymenoptera: Formicidae). — Genus **25**: 1–340.

BREGANT, E. 1998: Bemerkenswerte Ameisenfunde aus Österreich (Hymenoptera: Formicidae). — Myrmecologische Nachrichten **2**: 1–6.

BUSCHINGER, A. 2009: Social parasitism among ants: a review (Hymenoptera: Formicidae). — Myrmecological News **12**: 219–235.

CREMER, S., UGELVIG, L.V., DRIJFHOUT, F.P., SCHLICK-STEINER, B.C., STEINER, F.M., SEIFERT, B., HUGHES, D.P., SCHULZ, A., PETERSEN, K.S., KONRAD, H., STAUFFER, C., KIRAN, K., ESPADALER, X., D'ETTORRE, P., AKTAC, N., EILENBERG, J., JONES, G.R., NASH, D.R., PEDERSEN, J.S. & BOOMSMA, J.J. 2008: The evolution of invasiveness in garden ants. — Public Library of Science One **3**: e3838.

CROZIER, R.H. & PAMILO, P. 1996: Evolution of social insect colonies: sex allocation and kin selection. — New York: Oxford University Press, 306 pp.

Csösz, S., Heinze, J. & Mikó, I. 2015: Taxonomic synopsis of the Ponto-Mediterranean ants of *Temnothorax nylanderi* species-group. — Public Library of Science One **10**: e0140000.

Espadaler, X. & Bernal, V. 2003: *Lasius neglectus*, a polygynous, sometimes invasive, ant. Distribution. — <creaf.uab.es/xeg/Lasius/Ingles/distribution.htm>, abgefragt am 18. März 2015.

Faber, W. 1967: Beiträge zur Kenntnis sozialparasitischer Ameisen. I. *Lasius (Austrolasius* n.sg.) *reginae* n.sp., eine neue temporär sozialparasitische Erdameise aus Österreich (Hym. Formicidae). — Pflanzenschutz-Berichte **36**: 73–108.

Faber, W. 1969: Beiträge zur Kenntnis sozialparasitischer Ameisen. 2. *Aporomyrmex ampeloni* nov. gen., nov. spec. (Hym. Formicidae), ein neuer permanenter Sozialparasit bei *Plagiolepis vindobonensis* Lomnicki aus Österreich. — Pflanzenschutz Berichte **39**: 39–100.

Glaser, F. 2001: Die Ameisenfauna Nordtirols – eine vorläufige Checkliste (Hymenoptera: Formicidae). — Berichte des naturwissenschaftlich-medizinischen Vereins in Innsbruck **88**: 237–280.

Glaser, F. 2005: Rote Liste gefährdeter Ameisen Vorarlbergs. — Vorarlberger Naturschau – Rote Listen **3**: 1–128.

Glaser, F. 2009: Ameisen (Hymenoptera, Formicidae) im Brennpunkt des Naturschutzes. Eine Analyse für die Ostalpen und Österreich. — Denisia **25**: 79–92.

Glaser, F. 2013: Die Ameisenfauna (Hymenoptera, Formicidae) des Walgaus (Österreich, Vorarlberg) unter besonderer Berücksichtigung der Jagdberggemeinden. — In: Inatura Erlebnis Naturschau (Hrsg.): Naturmonografie Jagdberggemeinden. — Dornbirn: inatura Erlebnis Naturschau, pp. 477–498.

Hölldobler, B. & Wilson, E. 1990: The ants. — Cambridge, MA: The Belknap Press of Harvard University Press, 732 pp.

Hölzel, E. 1966: Hymenoptera-Heterogyna: Formicidae. — Catalogus Faunae Austriae **XVI** p: 1–12.

Kofler, A. 1978: Faunistik der Ameisen (Insecta: Hymenoptera, Formicoidea) Osttirols (Tirol, Österreich). — Berichte des naturwissenschaftlich-medizinischen Vereins in Innsbruck **65**: 117–128.

Kofler, A. 1995: Nachtrag zur Ameisenfauna Osttirols (Tirol, Österreich) (Hymenoptera: Formicidae). — Myrmecologische Nachrichten **1**: 14–25.

Lach, L., Parr, C.L. & Abbott, K.L., (Hrsg.) 2009 ("2010"): Ant ecology. — Oxford: Oxford University Press, 402 pp.

Lomnicki, J. 1925: *Plagiolepis vindobonensis* n. sp. (Hym. Formicidae). — Polskie Pismo Entomologiczne **4**: 77–79.

Mayr, G.L. 1853: Beschreibungen einiger neuer Ameisen. — Verhandlungen des Zoologisch-Botanischen Vereins in Wien **3**: 277–286.

Mayr, G.L. 1855: Formicina austriaca. Beschreibung der bisher im österreichischen Kaiserstaate aufgefundenen Ameisen nebst Hinzufügungen jener in Deutschland, in der

Schweiz und in Italien vorkommenden Arten. — Verhandlungen des Zoologisch-Botanischen Vereins in Wien **5**: 273–478.

MOREAU, C.S. & BELL, C.D. 2013: Testing the museum versus cradle tropical biological diversity hypothesis: phylogeny, diversification, and ancestral biogeographic range evolution of the ants. — Evolution **67**: 2240–2257.

PANZER, G.W.F. 1798: Fauna insectorum germanicae initia, oder Deutschlands Insecten. Heft **54**. — Nürnberg: Felssecker, 24 Tafeln + 24 pp.

SCHLICK-STEINER, B.C., STEINER, F.M., KONRAD, H., MARKO, B., CSÖSZ, S., HELLER, G., FERENCZ, B., SIPOS, B., CHRISTIAN, E. & STAUFFER, C. 2006a: More than one species of *Messor* harvester ants (Hymenoptera: Formicidae) in Central Europe. — European Journal of Entomology **103**: 469–476.

SCHLICK-STEINER, B.C., STEINER, F.M., MODER, K., BRUCKNER, A., FIEDLER, K. & CHRISTIAN, E. 2006b: Assessing ant assemblages: pitfall trapping versus nest counting (Hymenoptera, Formicidae). — Insectes Sociaux **53**: 274–281.

SCHLICK-STEINER, B.C., STEINER, F.M., MODER, K., SEIFERT, B., SANETRA, M., DYRESON, E., STAUFFER, C. & CHRISTIAN, E. 2006c: A multidisciplinary approach reveals cryptic diversity in Western Palearctic *Tetramorium* ants (Hymenoptera: Formicidae). — Molecular Phylogenetics and Evolution **40**: 259–273.

SCHLICK-STEINER, B.C., STEINER, F.M. & SCHÖDL, S. 2003a: A case study to quantify the value of voucher specimens for invertebrate conservation: ant records in Lower Austria. — Biodiversity and Conservation **12**: 2321–2328.

SCHLICK-STEINER, B.C., STEINER, F.M. & SCHÖDL, S. 2003b: Rote Listen ausgewählter Tiergruppen Niederösterreichs – Ameisen (Hymenoptera: Formicidae), 1. Fassung 2002. — St. Pölten: Amt der NÖ Landesregierung, Abteilung Naturschutz, 75 pp.

SCHLICK-STEINER, B.C., STEINER, F.M., SCHÖDL, S. & SEIFERT, B. 2003c: *Lasius austriacus* sp.n., a Central European ant related to the invasive species *Lasius neglectus*. — Sociobiology **41**: 725–736.

SCHLICK-STEINER, B.C., STEINER, F.M., SEIFERT, B., STAUFFER, C., CHRISTIAN, E. & CROZIER, R.H. 2010: Integrative taxonomy: a multisource approach to exploring biodiversity. — Annual Review of Entomology **55**: 421–438.

SEIFERT, B. 2005: Rank elevation in two European ant species: *Myrmica lobulicornis* NYLANDER, 1857, stat.n. and *Myrmica spinosior* SANTSCHI, 1931, stat.n. (Hymenoptera: Formicidae). — Myrmecologische Nachrichten **7**: 1–7.

SEIFERT, B. 2007: Die Ameisen Mittel- und Nordeuropas. — Klitten: Lutra, 368 pp.

SEIFERT, B. 2011: A taxonomic revision of the Eurasian *Myrmica salina* species complex (Hymenoptera: Formicidae). — Soil Organisms **83**: 169–186.

SEIFERT, B. 2012a: Clarifying naming and identification of the outdoor species of the ant genus *Tapinoma* FÖRSTER, 1850 (Hymenoptera: Formicidae) in Europe north of the Mediterranean region with description of a new species. — Myrmecological News **16**: 139–147.

SEIFERT, B. 2012b: A review of the West Palaearctic species of the ant genus *Bothriomyrmex* EMERY, 1869 (Hymenoptera: Formicidae). — Myrmecological News **17**: 91–104.

SEIFERT, B. & GALKOWSKI, C. 2016: The Westpalaearctic *Lasius paralienus* complex (Hymenoptera: Formicidae) contains three species. — Zootaxa **4132**: 44–58.

STEINER, F.M., SCHLICK-STEINER, B.C., SANETRA, M., LJUBOMIROV, T., ANTONOVA, V., CHRISTIAN, E. & STAUFFER, C. 2005: Towards DNA-aided biogeography: An example from *Tetramorium* ants (Hymenoptera, Formicidae). — Annales Zoologici Fennici **42**: 23–35.

STEINER, F.M., SCHLICK-STEINER, B.C., SCHÖDL, S. & ZETTEL, H. 2003a: Neues zur Kenntnis der Ameisen Wiens (Hymenoptera: Formicidae). — Myrmecologische Nachrichten **5**: 31–36.

STEINER, F.M., SCHÖDL, S. & SCHLICK-STEINER, B.C. 2003b: Liste der Ameisen Österreichs (Hymenoptera: Formicidae), Stand Oktober 2002. — Beiträge zur Entomofaunistik **3**: 17–26.

STEINER, F.M., SEIFERT, B., MODER, K. & SCHLICK-STEINER, B.C. 2010: A multisource solution for a complex problem in biodiversity research: Description of the cryptic ant species *Tetramorium alpestre* sp.n. (Hymenoptera: Formicidae). — Zoologischer Anzeiger **249**: 223–254.

WAGNER, H.C. 2010: Ein Beitrag zu den Ameisen (Formicidae) in höheren Lagen des Nationalparks Gesäuse. — Schriften des Nationalparks Gesäuse **5**: 116–127.

WAGNER, H.C. 2014: Die Ameisen Kärntens. Verbreitung, Biologie, Ökologie und Gefährdung. — Naturwissenschaftlicher Verein für Kärnten, Sonderreihe Natur Kärnten, Klagenfurt, Band 7: 462 pp.

WAGNER, H.C., AMBACH, J. & GLASER, F. 2010: 10 Erstmeldungen von Ameisen (Hymenoptera: Formicidae) für die Steiermark (Österreich). — Joannea Zoologie **11**: 19–30.

WAGNER, H.C., ARTHOFER, W., SEIFERT, B., MUSTER, C., STEINER, F.M. & SCHLICK-STEINER, B.C. 2017: Light at the end of the tunnel: integrative taxonomy delimits cryptic species in the *Tetramorium caespitum* complex (Hymenoptera: Formicidae). — Myrmecological News **25**: 95–130.

WARD, P.S., BRADY, S.G., FISHER, B.L. & SCHULTZ, T.R. 2015: The evolution of myrmicine ants: phylogeny and biogeography of a hyperdiverse ant clade (Hymenoptera: Formicidae). — Systematic Entomology **40**: 61–81.

WEBER, S. 2003: Faunistisch-ökologische Untersuchungen der Ameisenfauna (Hymenoptera: Formicidae) einer Wildflusslandschaft im Salzburger Tennengau. — Myrmecologische Nachrichten **5**: 15–30.

Anschriften der Verfasser:

Assoc. Univ.-Prof. Florian M. STEINER, Dr. Herbert C. WAGNER,
Univ.-Prof. Birgit C. SCHLICK-STEINER
Molekulare Ökologie, Institut für Ökologie, Universität Innsbruck,
Technikerstraße 25, A-6020 Innsbruck, Austria
E-Mail: florian.m.steiner@uibk.ac.at; heriwagner@yahoo.de;
birgit.schlick-steiner@uibk.ac.at

Steiner et al.

Mag. Johann AMBACH
Margarethen 27, A-4020 Linz, Austria
E-Mail: johann.ambach@tele2.at

Dr. Florian GLASER
Technisches Büro für Biologie
Walderstraße 32, A-6067 Absam, Austria
E-Mail: florian.glaser@aon.at

Johann MÜLLER
Auweg 28, A-6123 Terfens, Austria
E-Mail: info@optik-foto-mueller.com

Oribatida (Arachnida: Acari)

Günther Krisper, Heinrich Schatz & Reinhart Schuster

Summary: The oribatid mite species in this Austrian checklist belong to 198 genera and 79 families. The total of 676 species includes 24 subspecies; 22 species (cf.) are not clearly identifiable, and three species are new to science but have not yet been described. Furthermore, species or subspecies are mentioned that have been classified by some authors as „species inquirendae" or „subspecies inquirendae". Overall 623 valid taxa remain (606 species and 17 subspecies), and 26 of them represent unpublished first records for Austria. In this checklist 117 additional taxa are added in comparison with the number of species published in the Catalogus Faunae Austriae in 1983. Analysis of numbers of oribatid mite species from the different provinces of Austria reveals strong regional differences.

Zusammenfassung: Die Oribatiden-Arten der vorliegenden Checkliste verteilen sich auf 198 Gattungen und 79 Familien. Von den 676 Arteinträgen sind 24 Unterarten; 22 Arten (cf.) sind nicht sicher zuordenbar, drei sind noch unbeschrieben. Weiters werden auch jene Arten und Unterarten genannt, die von manchen Autoren als „species inquirendae" bzw. „subspecies inquirendae" eingestuft werden. Zieht man die potentiell einzuziehenden, die zurzeit nicht klar abgrenzbaren sowie die neu zu beschreibenden Taxa ab, verbleiben aktuell 623 valide Taxa (606 Arten und 17 Unterarten bzw. formae). Davon sind 26 Artmeldungen noch unpubliziert; sie stellen Erstnachweise für Österreich dar. Im Vergleich zum Catalogus Faunae Austriae aus dem Jahr 1983 sind 117 Taxa dazugekommen. Die Auswertung nach Bundesländern hat ergeben, dass der Erforschungsstand der Hornmilbenfauna zum Teil starke regionale Unterschiede aufweist.

Key Words: Acari, Oribatida, beetle mites, moss mites, Austria, checklist, biodiversity

I Einleitung

Die durch ihren Formenreichtum auffallenden Oribatida (Horn- oder Moos-milben) sind mit ihrer geringen Körpergröße – die Mehrzahl der Arten ist nur 0,5 bis 1 mm lang – ein charakteristischer Bestandteil der bodenbewohnenden Kleinarthropodenfauna. In Waldböden erreichen sie Besiedlungsdichten von 400.000 Individuen und mit bis zu 80 Arten pro m². Sie finden sich auch auf Bäumen bis in den Kronenbereich und zählen zu Primärbesiedlern auf nahezu vegetationslosen Rohböden. Bis jetzt sind mehr als 11.000 Arten beschrieben worden, aber die reale Zahl ist weitaus größer, wie die laufend hinzukommenden Beschreibungen neuer Arten zeigen, sogar im relativ gut untersuchten Mitteleuropa. Oribatiden bevölkern alle Klimazonen der Erde, bis hin zu den eisfreien Flächen auf Grönland und der Antarktis. In Hochgebirgsregionen kann man sie ebenfalls bis in mehr als 5.000 m Seehöhe antreffen, wenngleich in geringerer Artenzahl. Lediglich im Meer fehlen sie, mit Ausnahme in der Gezeitenzone, die sie mit einigen ökologisch spezialisierten Arten besiedeln. Im Gegensatz dazu gibt es in limnischen Lebensräumen einige angepasste Arten, die sogar submers leben können.

Beachtlich ist die ernährungsbiologische Vielfalt innerhalb dieser Milben-gruppe. Mit ihren scherenförmigen, meist stark bezahnten Mundwerkzeugen, den Cheliceren, sind sie imstande, feste Nahrung aufzunehmen bzw. zu zernagen (dies ist eine Besonderheit, zumal die Mehrzahl der Milben wie auch der Großteil der Spinnentiere ausschließlich flüssige Nahrung aufnimmt). Auf diese Weise ist es Oribatiden möglich, etwa Falllaub und / oder absterbendes Holz zu zerkleinern und in Form von Kotballen wieder abzugeben. Damit kommt ihnen eine nicht zu unterschätzende bodenbiologische Bedeutung für die mechanische Zerkleinerung des pflanzlichen Bestandsabfalles im Verlauf der Humusbildung zu. Auch an den Umsetzungsvorgängen innerhalb der Mikroflora sind Oribatiden mit vielen Arten beteiligt; so sind beispielsweise unter anderem Pilzhyphen und –sporen eine ergiebige Nahrungsquelle. Hingegen spielt die selten nachgewiesene Aufnahme lebender Mitglieder der Mikrofauna oder deren Reste im Bodenhaushalt nur eine untergeordnete Rolle.

Die Großsystematik innerhalb der Oribatida hat in jüngster Zeit bedeutende Änderungen erfahren. Die bisher als selbständige Gruppe angesehenen astigmaten Milben werden aufgrund neuer Untersuchungen nunmehr den Oribatiden zugerechnet, und zwar als „Cohort Astigmatina = Astigmata" (KRANTZ & WALTER 2009, pg. 100).

Im vorliegenden Checklisten-Beitrag sind allerdings nur die Oribatida im bisherigen Sinne aufgelistet. Der österreichische Artenbestand der Astigmata muss hingegen noch einer kritischen taxonomischen Analyse unterzogen werden.

II Allgemeiner Teil

1. Erforschungsgeschichte und aktuelle Forschungstätigkeit

Bis zum Ende des 19. Jahrhunderts war die Milbenforschung vorwiegend ein Beitrag zur medizinischen Untersuchung von Erregern und Überträgern von Krankheiten.

Der wohl erste Acarologe im (damals österreichischen) Alpenraum, der sich auch mit Hornmilben beschäftige, war Conte Giovanni Antonio SCOPOLI (1723–1788). Er dürfte die beiden ersten Oribatiden aus unserem Land beschrieben haben: *Acarus muscorum* SCOPOLI, 1763 (= *Astegistes pilosus*) und *Acarus piger* SCOPOLI, 1767 (= *Phthiracarus piger*).

Erst im 20. Jahrhundert begann eine intensivere Erfassung der Hornmilben Österreichs. Max BEIER (1903–1979) hat in den „Milben in den Biozönosen der Lunzer Hochmoore" (1928) und später (1948) zusammen mit Herbert FRANZ im pannonischen Klimagebiet auch Hornmilben angeführt. Viktor IRK, ein Schüler des Innsbrucker Zoologen Otto STEINBÖCK, hat im Rahmen seiner Dissertation mehrere Oribatidenarten aus dem Tiroler Hochgebirge neu beschrieben. Ebenso hat die Forstentomologin Else JAHN (1913–2008) im Zuge ihrer bodenzoologischen Studien zahlreiche Hornmilben aus verschiedenen Bundesländern gemeldet.

Franz MIHELČIČ (1898–1977), ein katholischer Priester, arbeitete neben seiner Pfarrtätigkeit vor allem an der Erforschung der Bodenfauna in Osttirol und Kärnten. Seine Sammlung ist im Museum Ferdinandeum Innsbruck aufbewahrt.

Am Beginn der zweiten Hälfte des 20. Jahrhunderts wurde Österreich ein Zentrum der bodenbiologischen Forschung, wobei zunächst vor allem Herbert FRANZ (†), Wilhelm KÜHNELT (†), Friedrich SCHALLER und Heinz JANETSCHEK (†) zu nennen sind.

Eduard PIFFL (Wien, 1921–1998) hat sich mit der Morphologie, Taxonomie, Systematik und Ökologie von Oribatiden beschäftigt. Auf ihn gehen grundlegende Artenkataloge und Literatursammlungen von Oribatiden zurück.

Reinhart SCHUSTER (Graz, *1930) studierte bei Wilhelm KÜHNELT und übernahm 1971 die Zoologieprofessur in Graz und begründete dort eine acarologische Gruppe, die auch jetzt noch aktiv ist; dazu gehören u. a. Günther RASPOTNIG und Günther KRISPER. SCHUSTERS Arbeitsgebiete umfassen Taxonomie, Morphologie, Fortpflanzungsbiologie und Verhalten, Biogeographie, sowie die terrestrischen Milben in der Litoralzone.

Milbenkundliche Forschung fand und findet auch an der Universität Innsbruck statt. Damit verbunden sind die Namen Jörg KLIMA, Karl SCHMÖLZER (†) und Heinrich SCHATZ. Letzterer arbeitet an der Taxonomie, Faunistik und Biogeographie von alpinen und mittelamerikanischen Oribatidenarten. Neben Erhebungen von Artinventaren hat er zahlreiche Arten neu und wiederbeschrieben.

Zusammenfassend können mehrere Phasen der Hornmilbenforschung in Österreich unterschieden werden. In einer „präacarologischen Phase" (vor 1900) waren die Kenntnisse über Milben (allgemein) vor allem „Nebeneffekte" medizinischer Krankheitserforschungen. Allerdings liegen aus dieser Zeit bereits erste Artmeldungen vor. In der ersten Hälfte des 20. Jh. begannen Aufsammlungen, Bearbeitung und Beschreibung von Arten, was ab etwa 1960 sprunghaft zunahm und bis heute andauert. Seit etwa 20 Jahren werden diese Forschungen durch neue Methoden ergänzt und erweitert, vor allem mit vergleichend-morphologischen, molekularen und biochemischen Untersuchungen, die grundlegend neue Erkenntnisse in der Artentrennung und in der Stammesgeschichte bringen.

2. Methoden und Datengrundlage

Die großsystematische Gliederung der Oribatida folgt dem System von SCHATZ et al. (2011). Unterschiedliche Auffassungen zum System in SUBÍAS (2015) sind in der Checkliste bei den jeweiligen Arten angegeben. Als weitere taxonomische Quellen, vor allem für die Gattungs- und Artengliederung sowie für die Artnamen, wurden die kritischen Revisionen von WEIGMANN (2006) sowie WEIGMANN et al. (2015) herangezogen. Untergattungen werden im Anschluss an die Artnamen bei der jeweiligen Gattung in Klammer angeführt. Graue Literatur, bei der keine genaue Bestimmung garantiert werden konnte, ist nicht berücksichtigt worden.

Gedankt wird all den vielen Personen, die uns im Laufe der Zeit bei der Beschaffung von Bodenproben und Informationen behilflich waren. Unser besonderer Dank gilt Alexander BRUCKNER, Wien, der uns eine Anzahl unpublizierter Nachweise vor allem aus dem Raum Niederösterreich und Wien zur Verfügung gestellt hat.

3. Taxonomischer Überblick

Die vorliegende Checkliste enthält insgesamt 677 Arteinträge, davon 24 Unterarten (fünf „formae" sind dabei mit einbezogen); 22 Arten (cf.) sind nicht sicher zuordenbar, drei sind noch unbeschrieben. Weiters werden auch jene Arten und Unterarten genannt, die von manchen Autoren als „species inquirendae" bzw. „subspecies inquirendae" eingestuft werden. Zieht man die potentiell einzuziehenden, die zurzeit nicht klar abgrenzbaren sowie die neu zu beschreibenden Taxa ab, verbleiben aktuell 623 valide Taxa (606 Arten und

17 Unterarten bzw. formae). Davon sind 26 Artmeldungen noch unpubliziert (*); sie stellen Erstnachweise für Österreich dar.

Die Arten verteilen sich auf 198 Gattungen und 79 Familien. Das heißt, dass nahezu 46% der zurzeit weltweit bekannten 172 Oribatidenfamilien (Oribatida ohne Astigmata) auch in Österreich vertreten sind. Obwohl seit der Publikation des Catalogus Faunae Austriae (SCHATZ 1983) 117 Taxa (Arten und Unterarten) zusätzlich für das Bundesgebiet nachgewiesen werden konnten, ist die Erforschung der Hornmilbenfauna Österreichs bei weitem noch nicht als abgeschlossen anzusehen. Es zeigen sich regionale Unterschiede im Erforschungsstand; die aktuellen Arten- und Unterartenzahlen aus den einzelnen Bundesländern sind aus der Abbildung 1 zu entnehmen. Insgesamt sind 24 Arten und eine Unterart in allen Bundesländern gefunden worden.

Sonderstandorte wie Trockenrasen und Moore, Baumrinden oder die hochalpine Region dürften zusätzliche Arten beherbergen, die noch nicht nachgewiesen sind oder sogar neu beschrieben werden müssen. Eine weitere Erhöhung der Artenzahl ist durch die Entdeckung kryptischer Spezies zu erwarten, wie bereits laufende Untersuchungen zeigen.

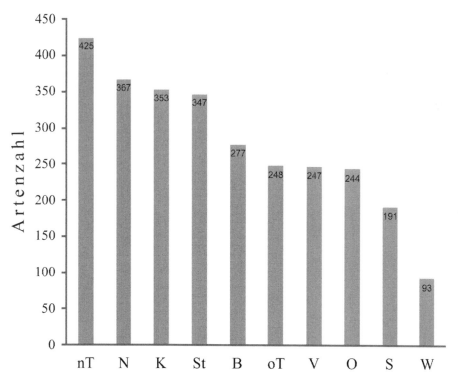

Abb.1: Artenverteilung in den verschiedenen Bundesländern. Die Artenzahlen sind in den jeweiligen Säulen angegeben.

4. Anmerkungen zu den Artkommentaren

Die Abkürzungen für die Bundesländer erscheinen, dem Catalogus Faunae Austriae entsprechend, in der unten stehenden alphabetischen Reihenfolge. Aufgrund der zoogeographischen Besonderheiten wird Nordtirol und Osttirol, das auf der Südseite des Alpenhauptkammes liegt, getrennt betrachtet.

Kürzel der Bundesländer

B = Burgenland
K = Kärnten
N = Niederösterreich
O = Oberösterreich
S = Salzburg
St = Steiermark
nT = Nordtirol
oT = Osttirol
V = Vorarlberg
W = Wien

Synonyme werden nur angeführt, soweit die Arten aus Österreich beschrieben wurden. Befindet sich der locus typicus (loc. typ.) in Österreich so wird dieser beim jeweiligen Bundesland genannt. Ein Sternchen * nach dem Bundesland weist auf unpublizierte Funde hin. Bei den als endemisch geltenden Arten findet sich ein entsprechender Hinweis. Arten oder Unterarten mit unsicherem Status (species oder subspecies inquirendae, sp. inquir., ssp. inquir.) sind entsprechend gekennzeichnet. Sie werden trotzdem in der Liste angeführt, weil in den meisten Fällen unterschiedliche Meinungen über den Status und die Validität dieser Taxa bestehen. Es erschien daher bei den Oribatiden sinnvoll, taxonomische Probleme und weitere Unklarheiten bei den jeweiligen Arten in der unten stehenden Liste zu diskutieren. Jene neun Arten, die als „nomina nuda" zu bezeichnen sind und von denen in der Literatur Meldungen vorliegen, sind im Abschnitt III.2. angeführt.

III Spezieller Teil

1. Liste der in Österreich vorkommenden Arten

Unterordnung ORIBATIDA VAN DER HAMMEN, 1968

Infraordnung Palaeosomata GRANDJEAN, 1969

Überfamilie Palaeacaroidea GRANDJEAN, 1932

Familie Palaeacaridae GRANDJEAN, 1932

Gattung *Palaeacarus* TRÄGÅRDH, 1932

Palaeacarus hystricinus TRÄGÅRDH, 1932
Verbr.: B, nT

Infraordnung Enarthronota GRANDJEAN, 1969

Überfamilie Brachychthonioidea THOR, 1934

Familie Brachychthoniidae THOR, 1934

Gattung *Brachychthonius* BERLESE, 1910

Brachychthonius berlesei WILLMANN, 1928
Verbr.: B, N, nT, oT, V

Brachychthonius bimaculatus WILLMANN, 1936
Verbr.: B, nT

Brachychthonius impressus MORITZ, 1976
Verbr.: B, nT

Brachychthonius pius MORITZ, 1976
Verbr.: N, nT, V

Gattung *Eobrachychthonius* JACOT, 1936

Eobrachychthonius borealis FORSSLUND, 1942
Verbr.: nT, V

Eobrachychthonius latior (BERLESE, 1910)
Verbr.: O, S, nT, oT

Eobrachychthonius oudemansi VAN DER HAMMEN, 1952
Verbr.: B, O, nT, oT, V, W

Gattung *Liochthonius* VAN DER HAMMEN, 1959

Liochthonius brevis (MICHAEL, 1888)
Verbr.: B, N, S, St, nT, oT, V

Liochthonius furcillatus (WILLMANN, 1942)
[syn.: *Brachychthonius ensifer* STRENZKE, 1951]
Verbr.: B, oT

Liochthonius gisini (SCHWEIZER, 1948)
Verbr.: nT

Liochthonius horridus (SELLNICK, 1929)
Verbr.: St, nT

Liochthonius hystricinus FORSSLUND, 1942
Verbr.: nT

Liochthonius cf. laetepictus (BERLESE, 1910)
[unter *Brachychthonius laetepictus* in FORSSLUND 1957 (KRISPER & LAZARUS 2014);
Brachychthonius „laetepictus" sensu WILLMANN 1931 ist *Eobrachychtonius oudemansi*
VAN DER HAMMEN, 1952 sensu WEIGMANN 2006]
Verbr.: St

Liochthonius lapponicus (TRÄGÅRDH, 1910)
Verbr.: K, N, O, S, nT, V

Liochthonius leptaleus MORITZ, 1976
Verbr.: St

Liochthonius muscorum FORSSLUND, 1964
Verbr.: St

Liochthonius perelegans MORITZ, 1976
Verbr.: N, nT

Liochthonius propinquus NIEDBAŁA, 1972
Verbr.: St

Liochthonius sellnicki (THOR, 1930)
Verbr.: K, S, St, nT, oT, V

Liochthonius simplex (FORSSLUND, 1942)
Verbr.: St, nT

Liochthonius strenzkei FORSSLUND, 1963
Verbr.: N*, O, St, nT, V

Gattung *Mixochthonius* NIEDBAŁA, 1972

Mixochthonius pilososetosus (FORSSLUND, 1942)
Verbr.: S, nT

Gattung *Neobrachychthonius* MORITZ, 1976

Neobrachychthonius marginatus (FORSSLUND, 1942)
Verbr.: nT

Gattung *Neoliochthonius* LEE, 1982

Neoliochthonius piluliferus FORSSLUND, 1942
Verbr.: nT

Gattung *Poecilochthonius* BALOGH, 1943

Poecilochthonius italicus (BERLESE, 1910)
Verbr.: B, K, St, nT, oT

Poecilochthonius cf. ***italicus*** (BERLESE, 1910)
Verbr.: St

Poecilochthonius spiciger (BERLESE, 1910)
Verbr.: K, N*, nT, V, W*

Gattung *Sellnickochthonius* KRIVOLUTSKY, 1964

Sellnickochthonius cricoides (WEIS-FOGH, 1948)
Verbr.: N*

Sellnickochthonius furcatus (WEIS-FOGH, 1948)
Verbr.: nT

Sellnickochthonius hungaricus (BALOGH, 1943)
Verbr.: B, St, nT, oT

Sellnickochthonius cf. ***hungaricus*** (BALOGH, 1943)
Verbr.: N*

Sellnickochthonius immaculatus (FORSSLUND, 1942)
Verbr.: B, N, O, St, nT, oT, V, W*

Sellnickochthonius oesziae (BALOGH & MAHUNKA, 1979)
Verbr.: St

Sellnickochthonius phyllophorus (MORITZ, 1976)
Verbr.: W (loc. typ.)

Sellnickochthonius rostratus (JACOT, 1936)
Verbr.: B, nT, W*

Sellnickochthonius suecicus (FORSSLUND, 1942)
Verbr.: B, nT

Sellnickochthonius zelawaiensis (SELLNICK, 1929)
Verbr.: N, St, nT

Gattung *Synchthonius* VAN DER HAMMEN, 1952

Synchthonius crenulatus (JACOT, 1938)
Verbr.: K, St*, nT, V

Synchthonius elegans FORSSLUND, 1957
Verbr.: K*

Gattung *Verachthonius* MORITZ, 1976

Verachthonius laticeps (STRENZKE, 1951)
Verbr.: S, nT

Überfamilie Atopochthonoidea GRANDJEAN, 1949
Familie Atopochthoniidae GRANDJEAN, 1949
Gattung *Atopochthonius* GRANDJEAN, 1949

Atopochthonius artiodactylus GRANDJEAN, 1949
Verbr.: K, N (PIFFL unpubl., vgl. SCHUSTER 1961), St, V

Familie Pterochthoniidae GRANDJEAN, 1950
Gattung *Pterochthonius* BERLESE, 1913

Pterochthonius angelus (BERLESE, 1910)
Verbr.: K, N, St, nT, V

Überfamilie Hypochthonioidea BERLESE, 1910
Familie Eniochthoniidae GRANDJEAN, 1947
Gattung *Eniochthonius* GRANDJEAN, 1933

[*Hypochthoniella* BERLESE, 1910 sensu SUBÍAS 2015]

Eniochthonius minutissimus (BERLESE, 1904)
Verbr.: B, K, N, O, St, nT, oT, V

Familie Hypochthoniidae BERLESE, 1910
Gattung *Hypochthonius* C.L. KOCH, 1835

Hypochthonius luteus OUDEMANS, 1917
Verbr.: B, N, O, St, nT, oT, W*

Hypochthonius rufulus C.L. KOCH, 1835
Verbr.: B, K, N, O, S, St, nT, oT, V, W*

Familie Mesoplophoridae EWING, 1917

Gattung *Mesoplophora* BERLESE, 1904

Mesoplophora pulchra SELLNICK, 1928 (*Parplophora*)
Verbr.: K, O, St

Überfamilie Protoplophoroidea EWING, 1917

Familie Cosmochthoniidae GRANDJEAN, 1947

Gattung *Cosmochthonius* BERLESE, 1910

Cosmochthonius lanatus (MICHAEL, 1885)
Verbr.: B, N, St, nT, oT

Cosmochthonius reticulatus GRANDJEAN, 1947
Verbr.: nT

Gattung *Phyllozetes* GORDEEVA, 1978

Phyllozetes emmae (BERLESE, 1910)
Verbr.: W

Familie Haplochthoniidae VAN DER HAMMEN, 1959

Gattung *Haplochthonius* WILLMANN, 1930

Haplochthonius simplex (WILLMANN, 1930)
Verbr.: N*

Familie Sphaerochthoniidae GRANDJEAN, 1947

Gattung *Sphaerochthonius* BERLESE, 1910

Sphaerochthonius splendidus (BERLESE, 1904)
Verbr.: B, K, N, St, nT, W

Infraordnung Parhyposomata GRANDJEAN, 1969

Überfamilie Parhypochthonioidea GRANDJEAN, 1932

Familie Gehypochthoniidae STRENZKE, 1963

Gattung *Gehypochthonius* JACOT, 1936

Gehypochthonius rhadamantus JACOT, 1936
Verbr.: St

Familie Parhypochthoniidae GRANDJEAN, 1932

Gattung *Parhypochthonius* BERLESE, 1904

Parhypochthonius aphidinus BERLESE, 1904
Verbr.: nT, V

Infraordnung Mixonomata GRANDJEAN, 1969

Überfamilie Eulohmannioidea GRANDJEAN, 1931

Familie Eulohmanniidae GRANDJEAN, 1931

Gattung *Eulohmannia* BERLESE, 1910

Eulohmannia ribagai (BERLESE, 1910)
Verbr.: K, N, O, S, St, nT, V, W

Überfamilie Perlohmannioidea GRANDJEAN, 1954

Familie Perlohmanniidae GRANDJEAN, 1954

Gattung *Perlohmannia* BERLESE, 1916

Perlohmannia dissimilis (HEWITT, 1908)
Verbr.: B, K, N, O, St, nT

Perlohmannia nasuta SCHUSTER, 1960
[sub *P. insignis* (BERLESE, 1904), Fehlbestimmung in FRANZ 1954, siehe SCHUSTER 1960]
Verbr.: K, N, O, St (loc. typ.), nT, W*

Überfamilie Epilohmannioidea OUDEMANS, 1923

Familie Epilohmanniidae OUDEMANS, 1923

Gattung *Epilohmannia* BERLESE, 1910

Epilohmannia cylindrica (BERLESE, 1904)
[syn.: *Epilohmannia szanisloi* (OUDEMANS, 1915)]
Verbr.: B, K, N, O, St, nT, W*

Epilohmannia minima SCHUSTER, 1960
Verbr.: B, O, St, nT (loc. typ.)

Epilohmannia styriaca SCHUSTER, 1960
Verbr.: K, St (loc. typ.), nT

Überfamilie Collohmannioidea Grandjean, 1958

Familie Collohmanniidae Grandjean, 1958

Gattung *Collohmannia* Sellnick, 1922

Collohmannia gigantea Sellnick, 1922
Verbr.: K, St

Überfamilie Euphthiracaroidea Jacot, 1930

Familie Euphthiracaridae Jacot, 1930

Gattung *Euphthiracarus* Ewing, 1917

Euphthiracarus alpinus Märkel, 1964
[*Euphthiracarus (E.) reticulatus* ssp. *alpinus* sensu Subías 2015]
Verbr.: St (loc. typ.)

Euphthiracarus cribrarius (Berlese, 1904)
Verbr.: B, N, O, S, St, nT, oT

Euphthiracarus monodactylus (Willmann, 1919)
Verbr.: B, N, O, S, St, nT, oT

Gattung *Microtritia* Märkel, 1964

Microtritia minima (Berlese, 1904)
Verbr.: B, N*, O, St*

Gattung *Paratritia* Moritz, 1966

Paratritia baloghi Moritz, 1966
Verbr.: O

Gattung *Rhysotritia* Märkel & Meyer, 1959

[syn. von *Acrotritia* Jacot, 1923 sensu Subías 2015, *Acrotritia* ist jedoch
syn. von *Rhysotritia* sensu Marshall et al. 1987]

Rhysotritia ardua (C.L. Koch, 1841)
[Grandjean 1953 trennt *Pseudotritia duplicata* pro *Hoplophora ardua* sensu Michael
ab. Da ältere Meldungen nicht überprüfbar sind, werden alle älteren Meldungen unter
obigem Namen gebraucht.]
Verbr.: B, K, N, O, S, St, nT, oT, V, W

Rhysotritia duplicata (Grandjean, 1953)
Verbr.: N*, St*

Rhysotritia loricata (RATHKE, 1799)
[sp. inquir. sensu SUBÍAS 2015]
Verbr.: W

Familie Oribotritiidae GRANDJEAN, 1954

Gattung *Mesotritia* FORSSLUND, 1963

Mesotritia nuda (BERLESE, 1887)
[syn.: *Entomotritia piffli* MÄRKEL, 1964]
Verbr.: N, O, S, St, nT, W

Gattung *Oribotritia* JACOT, 1924

Oribotritia berlesei (MICHAEL, 1898)
Verbr.: K, N, St

Oribotritia hermanni (MICHAEL, 1898)
Verbr.: K, St

Oribotritia storkani FEIDER & SUCIU, 1957
Verbr.: St

Gattung *Protoribotritia* JACOT, 1938

Protoribotritia aberrans (MÄRKEL & MEYER, 1959)
Verbr.: St*

Überfamilie Phthiracaroidea PERTY, 1841

Familie Phthiracaridae PERTY, 1841

Gattung *Hoplophthiracarus* JACOT, 1933

Hoplophthiracarus illinoisensis (EWING, 1909)
[Meldungen wahrscheinlich mehrfach sub *Hoplophthiracarus pavidus* (BERLESE, 1913)]
Verbr.: nT, V

Hoplophthiracarus pavidus (BERLESE, 1913)
[ältere Meldungen wahrscheinlich auch sub *Hoplophthiracarus illinoisensis* (EWING, 1909)]
Verbr.: K, O, S, St, nT, oT

Gattung *Phthiracarus* PERTY, 1841

Phthiracarus anonymus GRANDJEAN, 1934
Verbr.: K, N, O, S, nT

Phthiracarus boresetosus JACOT, 1930
Verbr.: B

Phthiracarus bryobius JACOT, 1939
    Verbr.: O

Phthiracarus clavatus PARRY, 1979
    Verbr.: N*, O, nT, oT

Phthiracarus compressus JACOT, 1930
    Verbr.: N, O, nT, V, W*

Phthiracarus crenophilus WILLMANN, 1951
    Verbr.: B, K, N, O, S, St, nT

Phthiracarus crinitus (C.L. KOCH, 1841)
    Verbr.: B, N, oT

Phthiracarus ferrugineus (C.L. KOCH, 1841)
    [syn.: *Phthiracarus ligneus* WILLMANN, 1931]
    Verbr.: N, O, S, St, nT, V

Phthiracarus globosus (C.L. KOCH, 1841)
    Verbr.: B, K, N, O, S, St, nT, oT, V

Phthiracarus italicus (OUDEMANS, 1900)
    Verbr.: B, K, N, O, oT

Phthiracarus laevigatus (C.L. KOCH, 1841)
    [syn.: *Phthiracarus parabothrichus* FEIDER & SUCIU, 1957]
    Verbr.: B, K, N, O, S, St, nT, oT, V

Phthiracarus lanatus FEIDER & SUCIU, 1957
    [syn.? von *Phthiracarus bryobius* JACOT, 1939 sensu NIEDBAŁA 1986, SUBÍAS 2015]
    Verbr.: O

Phthiracarus lentulus (C.L. KOCH, 1841)
    Verbr.: St, nT

Phthiracarus longulus (C.L. KOCH, 1841)
    [syn.: *Phthiracarus pannonicus*, nomen nudum in FRANZ 1954]
    Verbr.: B, O, St, nT

Phthiracarus nitens (NICOLET, 1855)
    Verbr.: oT

Phthiracarus papillosus PARRY, 1979
    Verbr.: W (loc. typ.)

Phthiracarus peristomaticus (WILLMANN, 1954)
    Verbr.: B, N

Phthiracarus piger (SCOPOLI, 1767)
    Verbr.: B, K, N, O, S, St, nT, oT

Phthiracarus spadix NIEDBAŁA, 1983
    Verbr.: O

Phthiracarus stramineus (C.L. KOCH, 1841)
    Verbr.: K, N, O, S, nT

Gattung *Steganacarus* Ewing, 1917

Steganacarus applicatus (Sellnick, 1920)
Verbr.: K, N, O, S, St, nT, V

Steganacarus brevipilus (Berlese, 1923) (*Tropacarus*)
Verbr.: V

Steganacarus carinatus (C.L. Koch, 1841) (*Tropacarus*)
Verbr.: B, K, N, O, S, St, nT, V

Steganacarus carinatus forma *pulcherrimus* (Berlese, 1887) (*Tropacarus*) [siehe
Weigmann 2006]
Verbr.: B, K, N, O, St, V, W

Steganacarus clavigerus (Berlese, 1904) (*Atropacarus*)
Verbr.: O, St, nT

Steganacarus herculeanus Willmann, 1953
Verbr.: N (loc. typ.), O, S, St, V

Steganacarus magnus (Nicolet, 1855)
Verbr.: B, N, O, S, St, nT

Steganacarus magnus forma *anomala* (Berlese, 1883)
Verbr.: N*

Steganacarus phyllophorus (Berlese, 1904) (*Atropacarus*)
Verbr.: B, N, St, W

Steganacarus spinosus (Sellnick, 1920)
Verbr.: B, K, N, O, S, St, nT, oT

Steganacarus striculus (C.L. Koch, 1836) (*Atropacarus*)
Verbr.: B, K, N, O, S, St, nT, oT, V

Steganacarus vernaculus Niedbała, 1982
Verbr.: nT, V

Steganacarus wandae (Niedbała, 1981) (*Atropacarus*)
Verbr.: O, nT

Infraordnung Desmonomata Woolley, 1973

Hypordnung Nothrina van der Hammen, 1982

Überfamilie Crotonioidea Thorell, 1876

Familie Crotoniidae Thorell, 1876

Gattung *Camisia* von Heyden, 1826

Camisia biurus (C.L. Koch, 1839)
Verbr.: K, N, O, S, St, nT, oT, V

Camisia biverrucata (C.L. Koch, 1839)
Verbr.: B, K, N, O, S, St, nT, oT

Camisia horrida (Hermann, 1804)
Verbr.: B, K, O, N, S, St, nT, oT

Camisia invenusta (Michael, 1888)
Verbr.: St, oT

Camisia lapponica (Trägårdh, 1910)
[*Camisia* (*Ensicamisia*) *lapponica* (Trägårdh, 1910) sensu Subías 2015]
Verbr.: K, O, S, St, nT, oT

Camisia cf. *lapponica* (Trägårdh, 1910)
Verbr.: St*

Camisia segnis (Hermann, 1804)
Verbr.: K, N, O, S, St, nT, oT

Camisia spinifer (C.L. Koch, 1836)
Verbr.: B, K, N, O, S, St, nT, oT, V

Gattung *Heminothrus* Berlese, 1913

Heminothrus longisetosus Willmann, 1925
Verbr.: B, K, N

Heminothrus paolianus Berlese, 1913
Verbr.: St, W

Heminothrus targionii (Berlese, 1885)
Verbr.: B, K, N, O, S, St, nT, oT, V

Gattung *Platynothrus* Berlese, 1913

[Untergattung von *Heminothrus* Berlese, 1913 sensu Subías 2015]

Platynothrus capillatus (Berlese, 1914)
[*Heminothrus* (*Capillonothrus*) *capillatus* (Berlese, 1914) sensu Subías 2015]
Verbr.: S, V

Platynothrus peltifer (C.L. Koch, 1839)
[*Heminothrus* (*Platynothrus*) *peltifer* (C.L. Koch, 1839) sensu Subías 2015]
Verbr.: B, K, N, O, S, St, nT, oT, V

Platynothrus thori (Berlese, 1904)
[*Heminothrus* (*Capillonothrus*) *thori* (Berlese, 1904) sensu Subías 2015]
Verbr.: B, K, N, S, St, nT, oT, V

Familie Hermanniidae Sellnick, 1928

Gattung *Hermannia* Nicolet, 1855

Hermannia convexa (C.L. Koch, 1839)
Verbr.: K, N, O, St, nT, oT, V

Hermannia gibba (C.L. KOCH, 1839)
Verbr.: B, K, N, O, S, St, nT, oT, V

Hermannia scabra (L. KOCH, 1879)
Verbr.: K, St, oT

Familie Malaconothridae BERLESE, 1916

Gattung *Malaconothrus* BERLESE, 1904

Malaconothrus monodactylus (MICHAEL, 1888)
[syn.: *Malaconothrus egregius* (BERLESE, 1904), *Malaconothrus globiger* TRÄGÅRDH, 1910]
Verbr.: B, K, N, S, St, nT, V

Malaconothrus scutatus (MIHELČIČ, 1959)
[sp. inquir. sensu SUBÍAS 2015]
Verbr.: oT (loc. typ.)

Malaconothrus tardus (MICHAEL, 1888)
Verbr.: S, nT

Gattung *Tyrphonothrus* KNÜLLE, 1957

Tyrphonothrus angulatus (WILLMANN, 1931)
Verbr.: nT

Tyrphonothrus foveolatus (WILLMANN, 1931)
Verbr.: N, S, St, nT, V

Tyrphonothrus maior (BERLESE, 1910)
[syn.: *Trimalaconothrus novus* (SELLNICK, 1921)]
Verbr.: K, N, oT, V

Familie Nanhermanniidae SELLNICK, 1928

Gattung *Masthermannia* BERLESE, 1913

Masthermannia mammillaris (BERLESE, 1904)
Verbr.: K, N, St, nT

Gattung *Nanhermannia* BERLESE, 1913

Nanhermannia comitalis BERLESE, 1916
Verbr.: B, K, N, S, St, nT, V

Nanhermannia elegantula BERLESE, 1913
Verbr.: B, K, N, O, S, St, nT

Nanhermannia nana (NICOLET, 1855)
[syn.: *Nanhermannia coronata* BERLESE, 1913 sensu WILLMANN 1931; *N. coronata* von Nordamerika ist syn. mit *N. dorsalis* (BANKS, 1896), aber nicht europäisches Material sensu WEIGMANN 2006. Ältere Meldungen nicht überprüfbar]
Verbr.: B, K, N, O, S, St, nT, oT, V, W*

Nanhermannia pectinata Strenzke, 1953
    Verbr.: nT

Nanhermannia sellnicki Forsslund, 1958
    Verbr.: V

Familie Nothridae Berlese, 1896

Gattung *Nothrus* C.L. Koch, 1836

Nothrus anauniensis Canestrini & Fanzago, 1876
    [syn.: *Nothrus biciliatus* C.L. Koch, 1841 sensu Weigmann 2006, *N. biciliatus* sp.
    inquir. sensu Subías 2015]
    Verbr.: B, K, N, O, St, nT, oT, V, W

Nothrus borussicus Sellnick, 1929
    Verbr.: K, N, O*, S, St, nT, oT, V

Nothrus borussicus ssp. *neonominatus* Subías, 2004
    [sub *Nothrus borussicus longipilis* Mihelčič, 1959 nom. nov. pro *Nothrus borussicus*
    longipilis Mihelčič, 1959 nec Berlese, 1910 – aber Art von Berlese ist *longpilus*,
    Mihelčič dagegen *longipilis*!]
    Verbr.: K (loc. typ.)

Nothrus palustris C.L. Koch, 1839
    Verbr.: B, K, N, O, S, St, nT, V

Nothrus parvus Sitnikova, 1975
    [syn. von *N. pulchellus* (Berlese, 1910) sensu Subías 2015 ist unbegründet]
    Verbr.: N*, O

Nothrus pratensis Sellnick, 1929
    Verbr.: K, N, S, St, nT, V

Nothrus pulchellus (Berlese, 1910)
    Verbr.: nT

Nothrus silvestris (Nicolet, 1855)
    Verbr.: B, K, N, O, S, St, nT, oT, V, W*

Familie Trhypochthoniidae Willmann, 1931

Gattung *Mainothrus* Choi, 1996

Mainothrus badius (Berlese, 1905)
    Verbr.: S, St, nT, oT

Gattung *Mucronothrus* Trägårdh, 1931

Mucronothrus nasalis (Willmann, 1929)
    Verbr.: S, nT

Gattung *Trhypochthoniellus* Willmann, 1928

Trhypochthoniellus longisetus (Berlese, 1904)
[syn.: *Trhypochthoniellus excavatus* (Willmann, 1919)]
Verbr.: K, N, S, St, nT

Trhypochthoniellus setosus Willmann, 1928
Verbr.: N, nT

Gattung *Trhypochthonius* Berlese, 1904

Trhypochthonius cladonicolus (Willmann, 1919)
Verbr.: K, N, S, nT, oT

Trhypochthonius japonicus forma ***occidentalis*** Weigmann & Raspotnig, 2009
Verbr.: K, nT

Trhypochthonius nigricans Willmann, 1928
Verbr.: V

Trhypochthonius silvestris ssp. ***europaeus*** Weigmann & Raspotnig, 2009
Verbr.: K (loc. typ.), St

Trhypochthonius tectorum (Berlese, 1896)
Verbr.: B, K, N, O, S, St, nT, oT

Hypordnung Brachypylina Hull, 1918

Überfamilie Hermannielloidea Grandjean, 1934

Familie Hermanniellidae Grandjean, 1934

Gattung *Hermanniella* Berlese, 1908

Hermanniella dolosa Grandjean, 1931
Verbr.: K, St, nT

Hermanniella granulata (Nicolet, 1855)
Verbr.: B, K, N, O, St, nT, oT

Hermanniella picea (C.L. Koch, 1840)
Verbr.: B, K, N, O, S, St

Hermanniella punctulata Berlese, 1908
[syn. von *Hermanniella picea* sensu Subías 2015, valid sp. sensu Weigmann 2006 und
Autoren; Abgrenzung zu *Hermanniella picea* (C.L. Koch, 1840) problematisch, vgl.
Krisper & Lazarus 2014]
Verbr.: N, St, V, W*

Hermanniella septentrionalis Berlese, 1910
Verbr.: K, N, nT, oT, V

Überfamilie Neoliodoidea Sellnick, 1928

Familie Neoliodidae Sellnick, 1928

Gattung *Neoliodes* Berlese, 1888

Neoliodes ionicus Sellnick, 1931
Verbr.: B, K, N, St

Neoliodes theleproctus (Hermann, 1804)
Verbr.: N, nT, oT

Gattung *Platyliodes* Berlese, 1916

Platyliodes doderleini (Berlese, 1883)
Verbr.: B, S, St

Platyliodes scaliger (C.L. Koch, 1839)
Verbr.: B, K, N, O, St, nT, oT, V

Gattung *Poroliodes* Grandjean, 1934

Poroliodes farinosus (C.L. Koch, 1840)
Verbr.: B, K, N, O, St, nT, oT, V

Überfamilie Plateremaeoidea Trägårdh, 1926

Familie Gymnodamaeidae Grandjean, 1954

Gattung *Arthrodamaeus* Grandjean, 1954

Arthrodamaeus femoratus (C.L. Koch, 1840)
Verbr.: B, K, N, St, nT, W

Arthrodamaeus pusillus (Berlese, 1910)
Verbr.: B, N, nT, oT

Arthrodamaeus reticulatus (Berlese, 1910)
Verbr.: K, N, St, nT, oT, V

Gattung *Gymnodamaeus* Kulczynski, 1902

Gymnodamaeus austriacus Willmann, 1935
Verbr.: N (loc. typ.)

Gymnodamaeus barbarossa Weigmann, 2006
Verbr.: K, N, nT

Gymnodamaeus bicostatus (C.L. Koch, 1836)
Verbr.: B, K, N, O, St, nT, oT, V, W*

Gymnodamaeus irregularis BAYARTOGTOKH & SCHATZ, 2009
  [*Joshuella irregularis* sensu SUBÍAS 2015]
  Verbr.: nT (loc. typ.)

Gymnodamaeus meyeri BAYARTOGTOKH & SCHATZ, 2009
  [*Joshuella meyeri* sensu SUBÍAS 2015]
  Verbr.: nT (loc. typ.)

Familie Licnobelbidae GRANDJEAN, 1965

Gattung *Licnobelba* GRANDJEAN, 1931

Licnobelba cf. *caesarea* (BERLESE, 1910)
  Verbr.: nT

Licnobelba latiflabellata (PAOLI, 1908)
  [syn.: *Licnobelba alestensis* GRANDJEAN, 1931]
  Verbr.: B

Familie Licnodamaeidae GRANDJEAN, 1954

Gattung *Licnodamaeus* GRANDJEAN, 1931

Licnodamaeus costula GRANDJEAN, 1931
  Verbr.: nT

Licnodamaeus pulcherrimus (PAOLI, 1908)
  Verbr.: B, K, N, O, St, nT, oT

Licnodamaeus undulatus (PAOLI, 1908)
  Verbr.: N, St, nT, oT

Überfamilie Damaeoidea BERLESE, 1896

Familie Damaeidae BERLESE, 1896

[Systematik nach WEIGMANN 2006]

Gattung *Belba* VON HEYDEN, 1826

Belba aegrota (KULCZYNSKI, 1902)
  Verbr.: St, oT

Belba bartosi WINKLER, 1955
  Verbr.: N*, K, St*, V

Belba compta (KULCZYNSKI, 1902)
  Verbr.: B, K, N, O, S, St, nT, V

Belba corynopus (HERMANN, 1804)
  Verbr.: B, K, N, O, S, St, nT, V

Belba rossica BULANOVA-ZACHVATKINA, 1962
[syn.: *Belba piriformis* MIHELČIČ, 1964]
Verbr.: K, oT

Gattung *Caenobelba* NORTON, 1980

[Untergattung von *Belba* VON HEYDEN, 1826 sensu SUBÍAS 2015]

Caenobelba montana (KULCZYNSKI, 1902)
Verbr.: B, K, N, O, St, nT, oT

Gattung *Damaeobelba* SELLNICK, 1928

Damaeobelba minutissima (SELLNICK, 1920)
Verbr.: B, N, O, St, nT, V

Gattung *Damaeus* C.L. KOCH, 1835

Damaeus auritus C.L. KOCH, 1835
Verbr.: B, K, N, O, S, St, nT, oT

Damaeus clavigerus (WILLMANN, 1954)
Verbr.: N

Damaeus clavipes (HERMANN, 1804) (*Paradamaeus*)
Verbr.: B, K, N, O, S, St, nT, oT, V

Damaeus crispatus (KULCZYNSKI, 1902)
Verbr.: V

Damaeus gracilipes (KULCZYNSKI, 1902)
Verbr.: K, O, nT, V

Damaeus kulczynskii GRANDJEAN, 1943
Verbr.: B, N, O, St

Damaeus onustus C.L. KOCH, 1844 (*Adamaeus*)
Verbr.: B, K, N, O, St, oT, V

Damaeus riparius NICOLET, 1855
Verbr.: B, K, N, O, S, St, nT, oT, V, W*

Gattung *Epidamaeus* BULANOVA-ZACHVATKINA, 1957

[Untergattung von *Damaeus* C.L. KOCH, 1835 sensu SUBÍAS 2015]

Epidamaeus berlesei (MICHAEL, 1898)
Verbr.: B, K, S, St, nT

Epidamaeus bituberculatus (KULCZYNSKI, 1902)
Verbr.: K, N, St, nT, oT, V

Epidamaeus michaeli (EWING, 1909)
Verbr.: N? („near Vienna", BUITENDIJK 1945) [Meldung zweifelhaft]

G. Krisper, H. Schatz & R. Schuster

Epidamaeus setiger (KULCZYNSKI, 1902)
Verbr.: K*

Epidamaeus tatricus (KULCZYNSKI, 1902)
Verbr.: B, K, N, O, S, St, nT

Epidamaeus tatricus ssp. ***diversus*** (MIHELČIČ, 1952)
[ssp. inquir. sensu SUBÍAS 2015]
Verbr.: oT (loc. typ.)

Gattung *Kunstidamaeus* MIKO, 2006

[Untergattung von *Damaeus* C.L. KOCH, 1835 sensu SUBÍAS 2015]

Kunstidamaeus diversipilis (WILLMANN, 1951)
Verbr.: K (loc. typ.), O*, S, St, nT, oT [Alpenendemit]

Kunstidamaeus granulatus (WILLMANN, 1951)
Verbr.: K (loc. typ.), nT, V [Alpenendemit]

Kunstidamaeus lengersdorfi (WILLMANN, 1932)
Verbr.: N

Kunstidamaeus longisetosus (WILLMANN, 1953)
Verbr.: S (loc. typ.), oT

Kunstidamaeus nidicola (WILLMANN, 1936)
Verbr.: K, N, nT, oT

Kunstidamaeus tecticola (MICHAEL, 1888)
Verbr.: B, K, N, S, nT, V

Gattung *Metabelba* GRANDJEAN, 1936

[syn.: Untergattung *Pateribelba* MOUREK, MIKO & BERNINI, 2011 sensu SUBÍAS 2015]

Metabelba papillipes (NICOLET, 1855)
Verbr.: N, nT, V

Metabelba parapulverosa MORITZ, 1966
Verbr.: O, nT

Metabelba propexa (KULCZYNSKI, 1902)
Verbr.: nT

Metabelba pulverosa STRENZKE, 1953
Verbr.: B, K, N, O, St, nT, oT, V, W

Metabelba romandiolae (SELLNICK, 1943) (*Pateribelba*)
[syn.: *Metabelba gladiator* MIHELČIČ, 1963]
Verbr.: K

Metabelba cf. ***romandiolae*** (SELLNICK, 1943)
Verbr.: N*

Metabelba singularis Mihelčič, 1964
    Verbr.: oT

Metabelba sphagni (Strenzke, 1950) (*Pateribelba*)
    Verbr.: nT, V

Gattung *Porobelba* Grandjean, 1936

Porobelba robusta Mihelčič, 1955
    [sp. inquir. sensu Subías 2015]
    Verbr.: K (loc. typ.)

Porobelba spinosa (Sellnick, 1920)
    Verbr.: B, K, N, O, S, St, nT, oT, V

Gattung *Spatiodamaeus* Bulanova-Zachvatkina, 1957

[Untergattung von *Damaeus* C.L. Koch, 1835 sensu Subías 2015]

Spatiodamaeus boreus Bulanova-Zachvatkina, 1957
    Verbr.: N

Spatiodamaeus crassispinosus Mihelčič, 1964
    [sp. inquir. sensu Subías 2015]
    Verbr.: K (loc. typ.)

Spatiodamaeus fageti Bulanova-Zachvatkina, 1957
    Verbr.: K*

Spatiodamaeus similis (Willmann, 1954)
    Verbr.: B, K, N, O, St

Spatiodamaeus verticillipes (Nicolet, 1855)
    Verbr.: B, K, N, O, S, St, nT, oT

Überfamilie Eutegaeoidea Balogh, 1965

Familie Compactozetidae Luxton, 1988

[Cepheidae Berlese, 1896 nec Agassiz, 1862, nom. praeocc.]

Gattung *Cepheus* C.L. Koch, 1835

Cepheus cepheiformis (Nicolet, 1855)
    Verbr.: B, K, N, O, S, St, nT, oT, V

Cepheus dentatus (Michael, 1888)
    Verbr.: B, K, N, O, S, St, nT, oT, V

Cepheus grandis Sitnikova, 1975
    Verbr.: N*, oT

Cepheus granulosus MIHELČIČ, 1953
  [sp. inquir. sensu SUBÍAS 2015]
  Verbr.: K (loc. typ.)

Cepheus incisus MIHELČIČ, 1958
  [sp. inquir. sensu SUBÍAS 2015]
  Verbr.: K (loc. typ.)

Cepheus latus (C.L. KOCH, 1835)
  Verbr.: K, N, O, S, St*, nT, oT, V

Cepheus tuberculosus STRENZKE, 1951
  Verbr.: N*, nT, oT

Gattung *Conoppia* BERLESE, 1908

Conoppia palmicincta (MICHAEL, 1880)
  [syn.: *Conoppia microptera* (BERLESE, 1885)]
  Verbr.: B, K, N, O, S, St, nT, oT, V

Gattung *Eupterotegaeus* BERLESE, 1916

Eupterotegaeus ornatissimus (BERLESE, 1908)
  [syn.: *Diodontocepheus steinboecki* MIHELČIČ, 1958]
  Verbr.: nT

Gattung *Tritegeus* BERLESE, 1913

Tritegeus bisulcatus GRANDJEAN, 1953
  [syn.: *Tritegeus bifidatus* sensu MICHAEL, 1880 nec NICOLET, 1855]
  Verbr.: B, K, N, O, S, St, nT, oT, V

Überfamilie Microzetoidea GRANDJEAN, 1936

Familie Microzetidae GRANDJEAN, 1936

Gattung *Berlesezetes* MAHUNKA, 1980

Berlesezetes alces (PIFFL, 1961)
  Verbr.: W (loc. typ.)

Berlesezetes ornatissimus (BERLESE, 1913)
  Verbr.: W

Gattung *Microzetes* BERLESE, 1913

Microzetes petrocoriensis (GRANDJEAN, 1936)
  Verbr.: O?, nT

Microzetes septentrionalis (KUNST, 1963)
  Verbr.: St, nT

Überfamilie Ameroidea Bulanova-Zachvatkina, 1957

Familie Ameridae Bulanova-Zachvatkina, 1957

Gattung *Amerus* Berlese, 1896

Amerus polonicus Kulczynski, 1902
[Meldungen auch sub *Amerus troisii* (Berlese, 1883), vgl. Weigmann 2006]
Verbr.: B, K, N, O, St, W

Familie Amerobelbidae Grandjean, 1961

Gattung *Amerobelba* Berlese, 1908

Amerobelba decedens Berlese, 1908
[syn.: *Eremobelba maxima* Willmann, 1951]
Verbr.: B, K, O, St, nT

Familie Caleremaeidae Grandjean, 1965

Gattung *Caleremaeus* Berlese, 1910

Caleremaeus divisus Mihelčič, 1952
[sp. inquir. sensu Subías 2015]
Verbr.: oT (loc. typ.)

Caleremaeus monilipes (Michael, 1882)
[Tax.: Artenkomplex, in Bearbeitung durch Krisper und Lienhard]
Verbr.: B, K, N, O, S, St, nT, oT, V

Familie Ctenobelbidae Grandjean, 1965

Gattung *Ctenobelba* Balogh, 1943

Ctenobelba pectinigera (Berlese, 1908)
[syn.: *Ctenobelba obsoleta* (C.L. Koch, 1841) sensu Grandjean 1943]
Verbr.: B, K, N, O, S, St, nT, V, W

Familie Damaeolidae Grandjean, 1965

Gattung *Damaeolus* Paoli, 1908

Damaeolus asperatus (Berlese, 1904)
Verbr.: B, K, St, nT, oT

Gattung *Fosseremus* Grandjean, 1954

Fosseremus laciniatus Berlese, 1905
Verbr.: B, K, N, O, St, nT, oT, V, W*

Familie Hungarobelbidae Miko & Travé, 1996

Gattung *Hungarobelba* Balogh, 1943

Hungarobelba visnyai (Balogh, 1938)
  Verbr.: B

Überfamilie Zetorchestoidea Michael, 1898

Familie Eremaeidae Oudemans, 1900

Gattung *Eremaeus* C.L. Koch, 1836

Eremaeus hepaticus (C.L. Koch, 1835)
  [syn.: *Eremaeus hepaticus* var. *acruciata* Mihelčič, 1952]
  Verbr.: B, K, N, O, S, St, nT, oT, V

Gattung *Eueremaeus* Mihelčič, 1963

Eueremaeus intermedius (Mihelčič, 1955)
  Verbr.: K, oT

Eueremaeus oblongus (C.L. Koch, 1836)
  Verbr.: B, K, N, O, S, St, nT, oT, V

Eueremaeus quadrilamellatus (Hammer, 1952)
  [syn.: *Eremaeus valkanovi* ssp. *debilis* Mihelčič, 1963]
  Verbr.: K, oT

Eueremaeus silvestris (Forsslund, 1956)
  Verbr.: B, K, N*, St, nT, oT

Eueremaeus valkanovi (Kunst, 1957)
  Verbr.: B, K, N, O, St, nT, oT, V

Gattung *Tricheremaeus* Berlese, 1908

Tricheremaeus abnobensis Miko & Weigmann, 2006
  Verbr.: oT

Tricheremaeus conspicuus Berlese, 1916
  Verbr.: B

Tricheremaeus serratus (Michael, 1885)
  Verbr.: nT

Familie Niphocepheidae TRAVÉ, 1959

Gattung *Niphocepheus* BALOGH, 1943

Niphocepheus nivalis (SCHWEIZER, 1922)
Verbr.: K, N, S, St, nT, oT, V

Familie Zetorchestidae MICHAEL, 1898

Gattung *Belorchestes* GRANDJEAN, 1951

Belorchestes planatus GRANDJEAN, 1951
Verbr.: K, S, St, oT

Gattung *Litholestes* GRANDJEAN, 1951

Litholestes altitudinis GRANDJEAN, 1951
Verbr.: S, St, oT, V

Gattung *Microzetorchestes* BALOGH, 1943

Microzetorchestes emeryi (COGGI, 1898)
Verbr.: B, K, N, St, nT, oT, W*

Gattung *Zetorchestes* BERLESE, 1888

Zetorchestes falzonii COGGI, 1898
[Tax.: siehe Kapitel III.2 Nomina nuda]
Verbr.: B, K, N, O, S, St, nT, oT, W*

Zetorchestes flabrarius GRANDJEAN, 1951
Verbr.: K, N, O, S, St, nT, V

Überfamilie Gustavioidea OUDEMANS, 1900

Familie Astegistidae BALOGH, 1961

Gattung *Astegistes* HULL, 1916

Astegistes pilosus (C.L. KOCH, 1841)
Verbr.: B, N, nT, oT

Gattung *Cultroribula* BERLESE, 1908

Cultroribula bicultrata (BERLESE, 1905)
[syn.: *Cultoribula szentivanyi* BALOGH, 1943]
Verbr.: B, N, St, nT, oT

Cultroribula juncta (MICHAEL, 1885)
Verbr.: B, N, nT, V

Cultroribula lata AOKI, 1961
> Verbr.: V [wahrscheinlich häufiger in Österreich, mehrfach mit anderen Arten verwechselt]

Cultroribula tridentata MIHELČIČ, 1958
> [sp. inquir. sensu SUBÍAS 2015]
> Verbr.: K (loc. typ.)

Cultroribula sp.
> Verbr.: St [KRISPER & LAZARUS 2014]

Gattung *Furcoribula* BALOGH, 1943

Furcoribula furcillata (NORDENSKJÖLD, 1901)
> Verbr.: B, K, N, nT

Familie Gustaviidae OUDEMANS, 1900

Gattung *Gustavia* KRAMER, 1879

Gustavia fusifer (C.L. KOCH, 1841)
> Verbr.: B, K, N, O, S, St, nT

Gustavia microcephala (NICOLET, 1855)
> Verbr.: B, K, N, O, S, St, nT, V, W

Familie Liacaridae SELLNICK, 1928

Gattung *Adoristes* HULL, 1916

Adoristes ovatus (C.L. KOCH, 1839)
> [syn.: *Liacarus poppei* OUDEMANS, 1906 sensu auct. WEIGMANN 2006. Valid sp. sub *Adoristes poppei* (OUDEMANS, 1906) sensu SUBÍAS 2015]
> Verbr.: B, K, N, O, St, nT, oT, V

Gattung *Dorycranosus* WOOLLEY, 1969

[Untergattung von *Liacarus* sensu SUBÍAS 2015]

Dorycranosus acutus (PSCHORN-WALCHER, 1951)
> [syn.: *Dorycranosus moraviacus* (WILLMANN, 1951), *Liacarus infissus* GUNHOLD, 1953]
> Verbr.: N, St (loc. typ.), W*

Dorycranosus curtipilis (WILLMANN, 1935)
> Verbr.: N (loc. typ.), St

Dorycranosus splendens (COGGI, 1898)
> Verbr.: W

Gattung *Liacarus* MICHAEL, 1898

Liacarus chroniosus WOOLLEY, 1968
[nom. nov. pro *Liacarus robustus* MIHELČIČ, 1954 nec EWING, 1918]
Verbr.: K (loc. typ.)

Liacarus conjunctus MIHELČIČ, 1954
[sp. inquir. sensu SUBÍAS 2015]
Verbr.: K (loc. typ.)

Liacarus coracinus (C.L. KOCH, 1840)
[syn.: *Liacarus parvus* MIHELČIČ, 1954]
Verbr.: B, K, N, O, S, St, nT, oT, V

Liacarus coracinus ssp. **simplex** MIHELČIČ, 1952
[ssp. inquir. sensu SUBÍAS 2015]
Verbr.: oT (loc. typ.)

Liacarus janetscheki MIHELČIČ, 1957
Verbr.: nT (loc. typ.) [Alpenendemit]

Liacarus koeszegiensis BALOGH, 1943
[syn.: *Liacarus sejunctus* MIHELČIČ, 1954]
Verbr.: B, K, N, St

Liacarus laterostris MIHELČIČ, 1954
Verbr.: K (loc. typ.)

Liacarus longilamellatus MIHELČIČ, 1954
[sp. inquir. sensu SUBÍAS 2015]
Verbr.: oT (loc. typ.)

Liacarus mihelcici WOOLLEY, 1968
[nom. nov. pro *Liacarus ovatus* MIHELČIČ, 1954 nec KOCH, 1840, BERLESE, 1916; sp. dubia sensu WEIGMANN 2006; *Liacarus ovatus* valider Name sensu SUBÍAS 2015]
Verbr.: K (loc. typ.)

Liacarus nitens (GERVAIS, 1844)
Verbr.: B, K, N, O, nT

Liacarus oribatelloides WINKLER, 1956
Verbr.: nT, oT

Liacarus rotundatus MIHELČIČ, 1954
[sp. inquir. sensu SUBÍAS 2015]
Verbr.: oT (loc. typ.)

Liacarus subterraneus (C.L. KOCH, 1844)
[syn.: *Liacarus gracilis* MIHELČIČ, 1954, *L. willmanni* PSCHORN-WALCHER, 1951]
Verbr.: K, N, O, St, V

Liacarus tremellae (LINNAEUS, 1761)
[*Liacarus tremellae* sensu WILLMANN 1931 ist *L. subterraneus* (C.L. KOCH, 1844). Ältere Meldungen nicht überprüfbar]
Verbr.: B, K, N, O, S, St, nT

Liacarus xylariae (SCHRANK, 1803)
[syn.: *Liacarus cuspidatus* MIHELČIČ, 1954]
Verbr.: B, K, N, O, St, nT, V

Gattung *Xenillus* ROBINEAU-DESVOIDY, 1839

Xenillus clypeator ROBINEAU-DESVOIDY, 1839
Verbr.: B, K, N, nT

Xenillus discrepans GRANDJEAN, 1936
Verbr.: B, V

Xenillus matskasii MAHUNKA, 1996
Verbr.: K

Xenillus salamoni MAHUNKA, 1996
Verbr.: nT

Xenillus tegeocranus (HERMANN, 1804)
Verbr.: B, K, N, O, St, nT, oT, V, W*

Xenillus cf. *tegeocranus* (HERMANN, 1804)
Verbr.: St

Familie Peloppiidae BALOGH, 1943

[Fam. Ceratoppiidae KUNST, 1971 sensu SUBÍAS 2015]

Gattung *Ceratoppia* BERLESE, 1908

Ceratoppia bipilis (HERMANN, 1804)
Verbr.: B, K, N, O, S, St, nT, oT, V

Ceratoppia hoeli THOR, 1930
Verbr.: K, N, S

Ceratoppia quadridentata (HALLER, 1882)
Verbr.: B, K, N, O, S, St, nT, V

Ceratoppia sexpilosa WILLMANN, 1938
Verbr.: B, K, N, S, St

Gattung *Metrioppia* GRANDJEAN, 1931

[Fam. Metrioppiidae BALOGH, 1943 sensu SUBÍAS 2015]

Metrioppia helvetica GRANDJEAN, 1931
Verbr.: K, S

Familie Tenuialidae JACOT, 1929

Gattung *Hafenrefferia* OUDEMANS, 1906

Hafenrefferia gilvipes (C.L. KOCH, 1840)
Verbr.: B, N, O, St, nT, oT

Überfamilie Carabodoidea C.L. KOCH, 1837

Familie Carabodidae C.L. KOCH, 1837

Gattung *Carabodes* C.L. KOCH, 1835

Carabodes areolatus BERLESE, 1916
Verbr.: B, K, N, O, S, St, nT, oT, V, W*

Carabodes coriaceus C.L. KOCH, 1835
[syn.: *Carabodes nepos* HULL, 1914]
Verbr.: B, K, N, O, S, St, nT, oT, V, W*

Carabodes femoralis (NICOLET, 1855)
Verbr.: B, K, N, O, S, St, nT, W*

Carabodes intermedius WILLMANN, 1951
Verbr.: K, nT, oT, V

Carabodes labyrinthicus (MICHAEL, 1879)
Verbr.: B, K, N, O, S, St, nT, oT, V

Carabodes marginatus (MICHAEL, 1884)
Verbr.: B, K, N, O, S, St, nT, oT, V

Carabodes minusculus BERLESE, 1923
Verbr.: B, K, N, S, St, nT, oT

Carabodes ornatus ŠTORKÁN, 1925
[syn.: *Carabodes forsslundi* SELLNICK, 1953]
Verbr.: K, N, O, St, nT, oT, V, W*

Carabodes reticulatus BERLESE, 1913
Verbr.: K, V

Carabodes rugosior BERLESE, 1916
Verbr.: K, St, nT, oT, V

Carabodes* cf. *rugosior BERLESE, 1916
Verbr.: nT

Carabodes schatzi BERNINI, 1976
Verbr.: nT (loc. typ.)

Carabodes tenuis FORSSLUND, 1953
Verbr.: N*, St*, V

Carabodes willmanni BERNINI, 1975
Verbr.: O

Gattung *Odontocepheus* BERLESE, 1913

Odontocepheus elongatus (MICHAEL, 1879)
Verbr.: B, K, N, St, nT, V

Überfamilie Otocephoidea BALOGH, 1961

Otocepheidae BALOGH, 1961

Gattung *Dolicheremaeus* JACOT, 1938

Dolicheremaeus cf. ***dorni*** (BALOGH, 1937)
[Tax.: In Bearbeitung durch Sylvia SCHÄFFER]
Verbr.: St*

Überfamilie Oppioidea GRANDJEAN, 1951

Familie Autognetidae GRANDJEAN, 1960

Gattung *Autogneta* HULL, 1916

Autogneta longilamellata (MICHAEL, 1885)
Verbr.: B, K, N, O, St, nT, oT, V

Autogneta longilamellata ssp. ***intermedia*** (MIHELČIČ, 1952)
[ssp. inquir. sensu SUBÍAS 2015]
Verbr.: oT (loc. typ.)

Autogneta parva FORSSLUND, 1947
Verbr.: nT

Gattung *Conchogneta* GRANDJEAN, 1963

Conchogneta dalecarlica (FORSSLUND, 1947)
[syn.?: *Conchogneta willmanni* (DYRDOWSKA, 1929) sensu WEIGMANN 2006]
Verbr.: N*, St, nT

Conchogneta traegardhi (FORSSLUND, 1947)
Verbr.: nT, V

Conchogneta willmanni (DYRDOWSKA, 1929)
[syn.? von *Conchogneta dalecarlica* (FORSSLUND, 1947) sensu WEIGMANN 2006]
Verbr.: B, K, N, S, St

Gattung *Cosmogneta* GRANDJEAN, 1960

Cosmogneta kargi GRANDJEAN, 1963
Verbr.: N, W*

Familie Machuellidae BALOGH, 1983

Gattung *Machuella* HAMMER, 1961

Machuella bilineata WEIGMANN, 1976
Verbr.: K, N, St, nT

Machuella draconis HAMMER, 1961
Verbr.: nT

Machuella hippy NIEMI & GORDEEVA, 1991
[syn. von *Machuella ventrisetosa* HAMMER, 1961 sensu SUBÍAS 2004]
Verbr.: W

Familie Oppiidae GRANDJEAN, 1951

Unterfamilie Oppiellinae SENICZAK, 1975

Gattung *Berniniella* BALOGH, 1983

Berniniella bicarinata (PAOLI, 1908)
[syn.: *Oppia similis* MIHELČIČ, 1953]
Verbr.: B, K, N, O, S, St, nT, oT, V

Berniniella conjuncta (STRENZKE, 1951)
Verbr.: N*, O, St*, nT

Berniniella exempta (MIHELČIČ, 1958)
[syn.: *Oppia ornatissima* MIHELČIČ, 1953]
Verbr.: K (loc. typ.), nT, oT

Berniniella inornata (MIHELČIČ, 1957)
Verbr.: B

Berniniella jahnae (SELLNICK, 1961)
Verbr.: nT (loc. typ.)

Berniniella cf. *jahnae* (SELLNICK, 1961)
Verbr.: St*

Berniniella sigma (STRENZKE, 1951)
Verbr.: nT

Gattung *Dissorhina* HULL, 1916

Dissorhina ornata (OUDEMANS, 1900)
Verbr.: B, K, N, O, S, St, nT, oT, V, W*

Dissorhina signata (SCHWALBE, 1989)
Verbr.: B, nT

Gattung *Microppia* BALOGH, 1983

[Unterfamilie Medioppiinae SUBÍAS & MÍNGUEZ, 1985 sensu SUBÍAS 2015]

Microppia minus (PAOLI, 1908)
Verbr.: B, K, N, S, St, nT, oT, V, W*

Microppia minus ssp. ***longisetosa*** SUBÍAS & RODRIGUEZ, 1988
Verbr.: St

Gattung *Neotrichoppia* SUBÍAS & ITURRONDOBEITIA, 1980

Neotrichoppia confinis (PAOLI, 1908) (*Confinoppia*)
Verbr.: N, V

Gattung *Oppiella* JACOT, 1937

Oppiella acuminata (STRENZKE, 1951) (*Oppiella*)
[sub *Lauroppia maritima* ssp. *acuminata* sensu SUBÍAS 2015]
Verbr.: N

Oppiella clavata (MIHELČIČ, 1953) (*Moritzoppia*)
[sp. inquir. sensu SUBÍAS 2015; syn.: *Oppia nasuta* MIHELČIČ, 1953, *O. punctata*
MIHELČIČ, 1958]
Verbr.: K (loc. typ.)

Oppiella compositocarinata (MIHELČIČ, 1958) (*Oppiella*)
[sp. inquir. sensu SUBÍAS 2015, sub *Lauroppia*]
Verbr.: K (loc. typ.)

Oppiella epilata MIKO, 2006 (*Rhinoppia*)
Verbr.: N*

Oppiella falcata (PAOLI, 1908) (*Oppiella*)
[sub *Lauroppia* sensu SUBÍAS 2015]
Verbr.: B, K, N, O, S, St, nT, oT, V

Oppiella fallax (PAOLI, 1908) (*Rhinoppia*)
[sub *Lauroppia* sensu SUBÍAS 2015]
Verbr.: B, K, N, St, nT, oT, V

Oppiella hauseri MAHUNKA & MAHUNKA-PAPP, 2000 (*Rhinoppia*)
Verbr.: N*

Oppiella keilbachi (MORITZ, 1969) (*Moritzoppia*)
Verbr.: B, K, N, nT, V

Oppiella marginedentata (STRENZKE, 1951) (*Oppiella*)
[sub *Lauroppia falcata* ssp. *marginedentata* sensu SUBÍAS 2015]
Verbr.: N, nT

Oppiella maritima (WILLMANN, 1929) (*Oppiella*)
[sub *Lauroppia* sensu SUBÍAS 2015]
Verbr.: K, nT, oT, V

Oppiella maritima ssp. ***carinthiaca*** (Mihelčič, 1963)
[ssp. inquir. sensu Subías 2015, sub *Lauroppia*]
Verbr.: K (loc. typ.)

Oppiella media (Mihelčič, 1956) (*Rhinoppia*)
Verbr.: oT (loc. typ.)

Oppiella neerlandica (Oudemans, 1900) (*Moritzoppia*)
[*Oppia neerlandica* sensu Willmann 1931 ist *Oppiella nova* (Oudemans, 1902). Ältere Meldungen nicht überprüfbar]
Verbr.: B, K, N, O, S, St, nT, oT

Oppiella nova (Oudemans, 1902) (*Oppiella*)
[syn.: *Oppia neerlandica* var. *adauriculata* Mihelčič, 1953] [*Oppia neerlandica* (Oudemans, 1900) sensu Willmann 1931 ist *Oppiella nova* sensu auct. Ältere Meldungen nicht überprüfbar]
Verbr.: B, K, N, O, S, St, nT, oT, V, W*

Oppiella obscura (Mahunka & Mahunka-Papp, 2000) (*Oppiella*)
[syn.? von *Lauroppia doris* (E. Pérez-Íñigo, 1978) sensu Weigmann 2006, Subías 2015]
Verbr.: nT

Oppiella obsoleta (Paoli, 1908) (*Rhinoppia*)
Verbr.: B, K, N, O, S, St, nT, oT, V, W

Oppiella propinqua Mahunka & Mahunka-Papp, 2000 (*Oppiella*)
[als ssp. von *Oppiella nova* sensu Subías 2015]
Verbr.: K, N*, O, V

Oppiella splendens (C.L. Koch, 1841) (*Oppiella*)
Verbr.: N

Oppiella subpectinata (Oudemans, 1900) (*Rhinoppia*)
Verbr.: B, K, N, O, S, St, nT, oT, V, W*

Oppiella translamellata (Willmann, 1923) (*Moritzoppia*)
Verbr.: B, K, N, O, S, St

Oppiella tridentata (Forsslund, 1942) (*Oppiella*)
[sub *Lauroppia* sensu Subías 2015]
Verbr.: nT

Oppiella uliginosa (Willmann, 1919) (*Oppiella*)
[sub *Oppiella nova* ssp. *uliginosa* sensu Subías 2015]
Verbr.: N, nT, V

Oppiella unicarinata (Paoli, 1908) (*Moritzoppia*)
Verbr.: B, K, N, S, St, nT, oT, V

Unterfamilie Oppiinae Sellnick, 1937

Gattung *Graptoppia* Balogh, 1983

[Unterfamilie Multioppiinae Balogh, 1983 sensu Subías 2015]

Graptoppia foveolata (Paoli, 1908) (*Apograptoppia*)
Verbr.: nT

Graptoppia neonominata Subias, 2004
[sub *Graptoppia parva* (Kok, 1967), nom. nov. pro *Oppia parva* Kok, 1967 nec
Lombardini, 1952]
Verbr.: W*

Graptoppia paraanalis Subías & Rodriguez, 1985
Verbr.: N

Gattung *Multioppia* Balogh, 1965

[Unterfamilie Multioppiinae Balogh, 1983 sensu Subías 2015]

Multioppia glabra (Mihelčič, 1955)
Verbr.: K (loc. typ.), N, nT, oT, V

Multioppia laniseta Moritz, 1966
Verbr.: nT

Gattung *Corynoppia* Balogh, 1983

[Unterfamilie Mystroppiinae Balogh, 1983 sensu Subías 2015]

Corynoppia kosarovi (Jeleva, 1962)
Verbr.: N*, W*

Gattung *Oppia* C.L. Koch, 1836

Oppia concolor (C.L. Koch, 1844)
[*Oppia concolor* sensu Willmann 1931 ist *Oppia denticulata* (Canestrini & Canestrini,
1882) sensu Weigmann 2006. Ältere Meldungen nicht überprüfbar]
Verbr.: B, N

Oppia cf. concolor (C.L. Koch, 1844)
Verbr.: W

Oppia denticulata (Canestrini & Canestrini, 1882)
[syn.: *O. grandis* Mihelčič, 1955. *Oppia concolor* sensu Willmann 1931 ist *Oppia denticulata* sensu Weigmann 2006. Ältere Meldungen nicht überprüfbar]
Verbr.: B, K, N*, O, W*

Oppia nitens (C.L. Koch, 1835)
[syn.: *Dameosoma myrmecophilum* Sellnick, 1929]
Verbr.: B, N, O, S, St, nT, oT, W

Gattung *Oxyoppioides* Subías & Minguez, 1985

[Unterfamilie Oxyoppiinae Subías, 1989 sensu Subías 2015]

Oxyoppioides decipiens (Paoli, 1908)
Verbr.: B, W*

Gattung *Ramusella* Hammer, 1962

[Unterfamilie Multioppiinae Balogh, 1983 sensu Subías 2015]

Ramusella clavipectinata (Michael, 1885) (*Ramusella*)
Verbr.: B, N, nT

Ramusella elliptica (Berlese, 1908) (*Insculptoppia*)
Verbr.: B, N, nT

Ramusella fasciata (Paoli, 1908) (*Rectoppia*)
Verbr.: K, St, W

Ramusella furcata (Willmann, 1928) (*Insculptoppia*)
Verbr.: B, K, N, O, St, oT

Ramusella insculpta (Paoli, 1908) (*Insculptoppia*)
[syn.: *Oppia laterostris* Mihelčič, 1953]
Verbr.: B, K, N, O, nT, V, W*

Ramusella cf. ***insculpta*** (Paoli, 1908) (*Insculptoppia*)
Verbr.: St

Ramusella mihelcici (Pérez-Íñigo, 1965) (*Rectoppia*)
Verbr.: nT

Ramusella sengbuschi Hammer, 1968
[sub *Ramusella tuberculata* (Mahunka & Topercer, 1983)]
Verbr.: N*

Ramusella cf. ***translamellata*** Subías, 1980
Verbr.: W*

Gattung *Subiasella* Balogh, 1983

[Unterfamilie Oxyoppiinae Subías, 1989 sensu Subías 2015]

Subiasella quadrimaculata (Evans, 1952) (*Lalmoppia*)
Verbr.: nT, oT, V

Familie Quadroppiidae Balogh, 1983

Gattung *Coronoquadroppia* Ohkubo, 1995

[Untergattung von *Quadroppia* Jacot, 1939 sensu Subías 2015]

Coronoquadroppia galaica (Minguez, Ruiz & Subías), 1985
Verbr.: nT, V

Coronoquadroppia michaeli (Mahunka, 1977)
Verbr.: nT

Coronoquadroppia monstruosa (Hammer, 1979)
[auch sub *Coronoquadroppia gumista* (Gordeeva & Tarba, 1990) sensu Weigmann & Schatz 2015]
Verbr.: B, K, N, O, nT, V

Coronoquadroppia pseudocircumita (Minguez, Ruiz & Subías, 1985)
Verbr.: nT

Gattung *Quadroppia* Jacot, 1939

Quadroppia hammerae Minguez, Ruiz & Subías, 1985
Verbr.: nT, V

Quadroppia quadricarinata (Michael, 1885)
Verbr.: B, K, N, O, S, St, nT, oT, V

Familie Thyrisomidae Grandjean, 1953

Gattung *Banksinoma* Oudemans, 1930

Banksinoma lanceolata (Michael, 1885)
Verbr.: B, N, St, nT, oT

Gattung *Oribella* Berlese, 1908

[Fam. Oribellidae Kunst, 1971 sensu Subías 2015]

Oribella pectinata (Michael, 1885)
Verbr.: B, N, O, St, nT

Gattung *Pantelozetes* Grandjean, 1953

[Fam. Oribellidae Kunst, 1971 sensu Subías 2015]

Pantelozetes alpestris (Willmann, 1929)
Verbr.: K, N, St, nT

Pantelozetes cavatica (Kunst, 1962)
Verbr.: N*, St

Pantelozetes clavigerus (MIHELČIČ, 1958)
[sp. inquir. sensu SUBÍAS 2015]
Verbr.: K (loc. typ.)

Pantelozetes paolii (OUDEMANS, 1913)
[syn.: *Oribella dentata* MIHELČIČ, 1956)
Verbr.: B, K, N, O, S, St, nT, oT, V, W

Überfamilie Trizetoidea EWING, 1917

Familie Suctobelbidae JACOT, 1938

Gattung *Allosuctobelba* MORITZ, 1970

Allosuctobelba grandis (PAOLI, 1908)
[syn.: *Suctobelba grandis* ssp. *europaea* WILLMANN, 1933 sensu auct.]
Verbr.: B, St, nT, V

Allosuctobelba ornithorhyncha (WILLMANN, 1953)
Verbr.: S (loc. typ.), St*, nT

Gattung *Rhynchobelba* WILLMANN, 1953

Rhynchobelba inexpectata WILLMANN, 1953
Verbr.: S (loc. typ.)

Gattung *Suctobelba* PAOLI, 1908

Suctobelba altvateri MORITZ, 1970
Verbr.: B, N, nT, oT, V

Suctobelba atomaria MORITZ, 1970
Verbr.: V

Suctobelba discrepans MORITZ, 1970
Verbr.: W (loc. typ.)

Suctobelba granulata VAN DER HAMMEN, 1952
Verbr.: K, nT

Suctobelba lapidaria MORITZ, 1970
Verbr.: K

Suctobelba lobodentata MIHELČIČ, 1957
Verbr.: nT (loc. typ.)

Suctobelba regia MORITZ, 1970
Verbr.: O, nT, V

Suctobelba reticulata MORITZ, 1970
Verbr.: nT, V

Suctobelba secta MORITZ, 1970
Verbr.: nT, V

Suctobelba trigona (MICHAEL, 1888)
> [in älteren Publikationen wahrscheinlich mehrfach mit anderen *Suctobelba*-Arten verwechselt]
> Verbr.: B, K, N, O, S, St, nT, oT, V

Gattung *Suctobelbata* GORDEEVA, 1991

Suctobelbata prelli (MÄRKEL & MEYER, 1958)
> Verbr.: V

Gattung *Suctobelbella* JACOT, 1937

Suctobelbella acutidens (FORSSLUND, 1941)
> Verbr.: B, O, St, nT, V

Suctobelbella* cf. *acutidens (FORSSLUND, 1941)
> Verbr.: oT

Suctobelbella acutidens ssp. ***lobata*** (STRENZKE, 1950)
> Verbr.: nT, oT

Suctobelbella arcana MORITZ, 1970
> Verbr.: N, O, nT, V

Suctobelbella baloghi (FORSSLUND, 1958)
> Verbr.: B, nT

Suctobelbella* cf. *carcharodon (MORITZ, 1966)
> Verbr.: N*

Suctobelbella cornigera (BERLESE, 1902)
> Verbr.: B, N, nT

Suctobelbella duplex (STRENZKE, 1950)
> Verbr.: N, nT

Suctobelbella falcata (FORSSLUND, 1941)
> Verbr.: St*, nT

Suctobelbella forsslundi (STRENZKE, 1950)
> Verbr.: N*, O, nT, V

Suctobelbella hamata MORITZ, 1970
> Verbr.: nT

Suctobelbella latirostris (STRENZKE, 1950)
> Verbr.: nT, V

Suctobelbella longirostris (FORSSLUND, 1941)
> Verbr.: St, V

Suctobelbella messneri MORITZ, 1971
> Verbr.: N*, nT

Suctobelbella* cf. *messneri MORITZ, 1971
> Verbr.: N

Suctobelbella minor (Mihelčič, 1958)
[sp. inquir. sensu Subías 2015]
Verbr.: K (loc. typ.)

Suctobelbella moritzi Mahunka, 1987
Verbr.: B, V

Suctobelbella nasalis (Forsslund, 1941)
Verbr.: N, nT, V

Suctobelbella palustris (Forsslund, 1953)
Verbr.: O, St, nT, V

Suctobelbella paracutidens Mahunka, 1983
Verbr.: N*

Suctobelbella perforata (Strenzke, 1950)
Verbr.: O, St*, nT

Suctobelbella prominens (Moritz, 1966)
Verbr.: nT

Suctobelbella pulchra (Mihelčič, 1958)
[sp. inquir. sensu Subías 2015]
Verbr.: K (loc. typ.)

Suctobelbella sarekensis (Forsslund, 1941)
Verbr.: B, K, N, O, nT, V, W*

Suctobelbella sexdentata (Mihelčič, 1958)
[sp. inquir. sensu Subías 2015]
Verbr.: K (loc. typ.)

Suctobelbella similis (Forsslund, 1941)
Verbr.: N*, St*, nT, V

Suctobelbella singularis (Strenzke, 1950)
Verbr.: V

Suctobelbella subcornigera (Forsslund, 1941)
Verbr.: B, K, N, S, St, nT, V, W*

Suctobelbella subtrigona (Oudemans, 1900)
Verbr.: B, K, N, O, S, St, nT, oT, V

Suctobelbella tuberculata (Strenzke, 1950)
Verbr.: St, oT

Gattung *Suctobelbila* Jacot, 1937

Suctobelbila dentata ssp. **europaea** Moritz, 1974
Verbr.: V

Überfamilie Tectocepheoidea GRANDJEAN, 1954

Familie Tectocepheidae GRANDJEAN, 1954

Gattung *Lamellocepheus* BALOGH, 1961

[Fam. Nosybeidae MAHUNKA, 1993 sensu SUBÍAS 2015]

Lamellocepheus personatus (BERLESE, 1910)
Verbr.: K

Gattung *Tectocepheus* BERLESE, 1896

Tectocepheus minor BERLESE, 1903
Verbr.: B, K, N, O, S, St, nT, V, W*

Tectocepheus velatus ssp. ***velatus*** (MICHAEL, 1880)
[in älteren Meldungen keine Unterarten abgetrennt] [syn.: *Tectocepheus granulatus* MIHELČIČ, 1957]
Verbr.: B, K, N, O, S, St, nT, oT, V, W

Tectocepheus velatus ssp. ***alatus*** BERLESE, 1913
Verbr.: N, O, St, nT, W*

Tectocepheus velatus ssp. ***knuellei*** VANEK, 1960
Verbr.: N, V

Tectocepheus velatus ssp. ***sarekensis*** (TRÄGÅRDH, 1910)
Verbr.: B, K, N, O, S, St, nT, oT, V, W*

Tectocepheus velatus ssp. ***tenuis*** KNÜLLE, 1954
Verbr.: St, nT, V

Überfamilie Limnozetoidea THOR, 1937

Familie Hydrozetidae GRANDJEAN, 1954

Gattung *Hydrozetes* BERLESE, 1902

Hydrozetes confervae (SCHRANK, 1781)
Verbr.: K (loc. typ.), N, St, nT

Hydrozetes lacustris (MICHAEL, 1882)
[syn.: *Hydrozetes octosetosus* WILLMANN, 1932]
Verbr.: K, N, S, St, nT, V

Hydrozetes lacustris forma ***parisiensis*** GRANDJEAN, 1948 [„" sensu WEIGMANN 2006]
Verbr.: B, K, N, St

Hydrozetes lemnae (COGGI, 1899)
Verbr.: B, K, N, St

Hydrozetes thienemanni (STRENZKE, 1943)
Verbr.: K, nT

Familie Limnozetidae THOR, 1937

Gattung *Limnozetes* HULL, 1916

Limnozetes ciliatus (SCHRANK, 1803)
Verbr.: B, K, N, S, St, nT, V

Limnozetes rugosus (SELLNICK, 1923)
Verbr.: St, nT, oT [Fund in nT subfossil: Moor in Zillertaler Alpen]

Überfamilie Cymbaeremaeoidea SELLNICK, 1928

Familie Cymbaeremaeidae SELLNICK, 1928

Gattung *Cymbaeremaeus* BERLESE, 1896

Cymbaeremaeus cymba (NICOLET, 1855)
Verbr.: B, K, N, O, S, St, nT, oT, V

Gattung *Scapheremaeus* BERLESE, 1910

Scapheremaeus palustris SELLNICK, 1924
Verbr.: K, oT

Scapheremaeus patella (BERLESE, 1910)
Verbr.: N

Scapheremaeus reticulatus (BERLESE, 1910)
Verbr.: B

Gattung *Ametroproctus* HIGGINS & WOOLLEY, 1968

Ametroproctus lamellatus (SCHWEIZER, 1956) (*Coropoculia*)
Verbr.: K, nT

Überfamilie Licneremaeoidea GRANDJEAN, 1931

Familie Licneremaeidae GRANDJEAN, 1931

Gattung *Licneremaeus* PAOLI, 1908

Licneremaeus licnophorus (MICHAEL, 1882)
Verbr.: B, K, N, S, St, nT, oT

Licneremaeus prodigiosus SCHUSTER, 1958
Verbr.: B (loc .typ.), K, N, nT, W

Familie Micreremidae Grandjean, 1954

Gattung *Micreremus* Berlese, 1908

Micreremus brevipes (Michael, 1888)
Verbr.: B, K, N, O, St, nT, oT

Micreremus gracilior Willmann, 1932
Verbr.: nT

Familie Passalozetidae Grandjean, 1954

Gattung *Passalozetes* Grandjean, 1932

Passalozetes africanus Grandjean, 1932
Verbr.: K, N, St, nT, oT, V

Passalozetes bidactylus (Coggi, 1900)
[vgl. *P. strenzkei*] [sub *Bipassalozetes* Mihelčič, 1957 sensu Subías 2015,
Bipassalozetes syn. von *Passalozetes* sensu Weigmann 2006]
Verbr.: B, N, St, nT

Passalozetes inlenticulatus Mihelčič, 1959
Verbr.: oT (loc. typ.)

Passalozetes intermedius Mihelčič, 1954)
[sub *Bipassalozetes* Mihelčič, 1957 sensu Subías 2015, *Bipassalozetes* syn. von
Passalozetes sensu Weigmann 2006]
Verbr.: B, K (loc. typ.), St, nT, oT, V

Passalozetes perforatus (Berlese, 1910)
Verbr.: K, N, St, nT

Passalozetes permixtus Mihelčič, 1957
[sp. inquir. sensu Subías 2015]
Verbr.: nT (loc. typ.)

Passalozetes strenzkei Weigmann, 2006
[Meldungen z. T. sub *Passalozetes bidactylus* sensu Strenzke nec Coggi, 1900 sensu
Weigmann 2006, syn. von *Bipassalozetes vicinus* (Mihelčič, 1957) sensu Subías 2015
Verbr.: B, N, St, nT

Passalozetes sp.n.
Verbr.: oT*

Familie Scutoverticidae Grandjean, 1954

Gattung *Lamellovertex* Bernini, 1976

Lamellovertex caelatus (Berlese, 1895)
Verbr.: N

Gattung *Provertex* Mihelčič, 1959

Provertex kuehnelti Mihelčič, 1959
    Verbr.: K, N, O, S, St, nT, oT (loc. typ.), V

Gattung *Scutovertex* Michael, 1879

Scutovertex alpinus Willmann, 1953
    Verbr.: K, St (loc. typ.), nT, oT

Scutovertex ianus Pfingstl et al., 2010
    Verbr.: O, St (loc. typ.), V

Scutovertex minutus (C.L. Koch, 1835)
    Verbr.: B, K, N, O, S, St, nT, oT

Scutovertex pannonicus Schuster, 1958
    Verbr.: B (loc. typ.)

Scutovertex pictus Kunst, 1959
    Verbr.: K, N, St

Scutovertex pileatus Schaeffer & Krisper, 2008
    Verbr.: K (loc. typ.)

Scutovertex sculptus Michael, 1879
    Verbr.: B, K, N, St, nT, W*

Scutovertex* cf. *sculptus Michael, 1879
    Verbr.: oT

Überfamilie Phenopelopoidea Petrunkevich, 1955

Familie Phenopelopidae Petrunkevich, 1955

Gattung *Eupelops* Ewing, 1917

Eupelops acromios (Hermann, 1804)
    Verbr.: B, K, N, O, S, St, nT, oT, V

Eupelops curtipilus (Berlese, 1916)
    [syn.: *Pelops bilobus* Sellnick, 1929]
    Verbr.: N, S, nT

Eupelops grandis (Mihelčič, 1958)
    [sp. inquir. sensu Subías 2015]
    Verbr.: K (loc. typ.)

Eupelops hirtus (Berlese, 1916)
    [syn.: *Pelops differens* Mihelčič, 1953]
    Verbr.: B, K, N, O, S, St, nT, V, W*

71

Eupelops nepotulus (BERLESE, 1916)
> [z. T. sub *Eupelops occultus* sensu WEIGMANN 2006. Ältere Meldungen nicht über-
> prüfbar]
> Verbr.: B, K, N, S, nT, oT

Eupelops occultus (C.L. KOCH, 1835)
> [syn.: *Pelops parvus* MIHELČIČ, 1953. Ältere Meldungen nicht überprüfbar]
> Verbr.: B, K, N, O, S, St, nT, oT, V

Eupelops plicatus (C.L. KOCH, 1835)
> [syn.: *Pelops auritus* C.L. KOCH, 1840]
> Verbr.: B, K, N, O, S, St, nT, oT, V, W*

Eupelops similis (BERLESE, 1916)
> Verbr.: K [Meldungen aus Österreich und Schweiz fraglich sensu WEIGMANN 2006]

Eupelops strenzkei (KNÜLLE, 1954)
> Verbr.: nT, V

Eupelops subexutus (BERLESE, 1916)
> Verbr.: B

Eupelops subuliger (BERLESE, 1916)
> [syn.: *Pelops longifissus* WILLMANN, 1951]
> Verbr.: B, K, N, S, St*, nT, oT, V

Eupelops tardus (C.L. KOCH, 1835)
> Verbr.: B, K, N, O, S, St, nT, V, W

Eupelops torulosus (C.L. KOCH, 1835)
> [syn.: *Pelops duplex* BERLESE, 1916]
> Verbr.: B, K, N, O, St, nT, oT, V

Eupelops* cf. *torulosus (C.L. KOCH, 1835)
> Verbr.: St [LAZARUS & KRISPER 2014]

Eupelops uraceus (C.L. KOCH, 1839)
> Verbr.: B, K, N, S, St

Gattung *Peloptulus* BERLESE, 1908

Peloptulus montanus HULL, 1914
> Verbr.: K, St

Peloptulus phaenotus (C.L. KOCH, 1844)
> Verbr.: B, K, N, O, S, St, nT, oT, V

Gattung *Propelops* JACOT, 1937

***Propelops* sp.n.**
> Verbr.: nT (SCHATZ & FISCHER 2015)

Familie Unduloribatidae Kunst, 1971

Gattung *Unduloribates* Balogh, 1943

Unduloribates undulatus (Berlese, 1914)
    Verbr.: K, S, St, nT, oT

Überfamilie Achipterioidea Thor, 1929

Familie Achipteriidae Thor, 1929

Gattung *Achipteria* Berlese, 1885

Achipteria coleoptrata (Linnaeus, 1758)
    Verbr.: B, K, N, O, S, St, nT, oT, V

Achipteria coleoptrata ssp. ***major*** Mihelčič, 1963
    [ssp. inquir. sensu Subías 2015, Name valid sensu Subías 2004]
    Verbr.: oT (loc. typ.)

Achipteria nitens (Nicolet, 1855)
    [syn.: *Achipteria acuta* Berlese, 1908]
    Verbr.: B, K, O, N, S, St, nT, oT, V, W*

Achipteria quadridentata (Willmann, 1951)
    Verbr.: B (loc. typ.), N, nT

Achipteria regalis Berlese, 1908
    Verbr.: K, S

Achipteria sellnicki van der Hammen, 1952
    Verbr.: B, K, O, St, nT, V

Gattung *Anachipteria* Grandjean, 1932

Anachipteria deficiens Grandjean, 1932
    Verbr.: nT, oT, V

Anachipteria dubia Weigmann, 2001 (*Weigmanniella*)
    [sub *Anachipteria latitecta* (Berlese, 1908), *A. latitecta* sensu Willmann 1931 ist
    Anachipteria (*Weigmanniella*) *dubia* Weigmann, 2001 sensu Weigmann 2006. Ältere
    Meldungen nicht überprüfbar]
    Verbr.: K, N, St

Anachipteria howardi (Berlese, 1908)
    [sub *Anachipteria major* Mihelčič, 1957 sp. inquir. sensu Subías 2015. Syn.: *Oribates*
    perisi Mihelčič, 1956 sensu Subías 2015]
    Verbr.: nT

Anachipteria shtanchaevae Subías, 2009
    [sub *Anachipteria alpina* (Schweizer, 1922) nec Halbert, 1915]
    Verbr.: K, O, S, St, nT, V

Gattung *Cerachipteria* GRANDJEAN, 1935

***Cerachipteria digita* GRANDJEAN, 1935**
Verbr.: St

***Cerachipteria* cf. *digita* GRANDJEAN, 1935**
Verbr.: O*

***Cerachipteria franzi* WILLMANN, 1953**
Verbr.: St (loc. typ.)

Gattung *Parachipteria* VAN DER HAMMEN, 1952

***Parachipteria bella* (SELLNICK, 1929)**
Verbr.: B, K, N, O, St, nT, oT

***Parachipteria fanzagoi* JACOT, 1929**
[syn.: *Parachipteria willmanni* VAN DER HAMMEN, 1952, gen. *Campachipteria* AOKI, 1995 sensu SUBÍAS 2015. Ältere Meldungen möglicherweise mit *Parachipteria punctata* (NICOLET, 1855) verwechselt (siehe dort) und nicht überprüfbar]
Verbr.: B, K, N, O, S, St, nT, oT, V

***Parachipteria punctata* (NICOLET, 1855)**
[*Notaspis punctatus* sensu WILLMANN 1931 = *P. fanzagoi* JACOT, 1929. Ältere Meldungen nicht überprüfbar]
Verbr.: B, K, N, O, S, St, nT, oT, V

Gattung *Pseudachipteria* TRAVÉ, 1960

[syn. von *Parachipteria* VAN DER HAMMEN, 1952 sensu SUBÍAS 2015]

***Pseudachipteria magna* (SELLNICK, 1929)**
Verbr.: B, K, N, O, St, nT, oT, V

Familie Tegoribatidae GRANDJEAN, 1954

Gattung *Lepidozetes* BERLESE, 1910

[Fam. Ceratozetidae JACOT, 1925 sensu SUBÍAS 2015]

***Lepidozetes singularis* BERLESE, 1910**
Verbr.: K, N, S, St, nT, oT, V

Gattung *Tectoribates* BERLESE, 1910

***Tectoribates ornatus* (SCHUSTER, 1958)**
Verbr.: B (loc. typ.), K, N

Gattung *Tegoribates* EWING, 1917

Tegoribates latirostris (C.L. KOCH, 1844)
Verbr.: B, N, S, St, nT

Überfamilie Oribatelloidea JACOT, 1925

Familie Oribatellidae JACOT, 1925

Gattung *Ophidiotrichus* GRANDJEAN, 1953

Ophidiotrichus tectus (MICHAEL, 1883)
[syn.: *Ophidiotrichus connexus* (BERLESE, 1904)]
Verbr.: B, K, N, O, St, nT, V, W*

Ophidiotrichus vindobonensis PIFFL, 1961
Verbr.: B, K, N, St, W (loc. typ.)

Gattung *Oribatella* BANKS, 1895

Oribatella berlesei (MICHAEL, 1898)
[*Oribatella berlesei* sensu WILLMANN 1931 nec MICHAEL ist *O. brevipila* BERNINI, 1977.
Ältere Meldungen nicht überprüfbar]
Verbr.: B, K, N, O, S, St, nT, oT

Oribatella brevipila BERNINI, 1977
[*Oribatella berlesei* sensu WILLMANN 1931 nec MICHAEL, 1898. Ältere Meldungen nicht
überprüfbar]
Verbr.: N

Oribatella calcarata (C.L. KOCH, 1835)
Verbr.: B, K, N, O, S, St, nT, oT, V, W*

Oribatella dudichi WILLMANN, 1939
Verbr.: St

Oribatella hungarica BALOGH, 1943
Verbr.: K, St, oT

Oribatella longispina BERLESE, 1915
Verbr.: K, nT, oT, V

Oribatella ornata (COGGI, 1900)
Verbr.: B, St

Oribatella quadricornuta (MICHAEL, 1880)
Verbr.: B, K, N, O, St, nT, V

Oribatella reticulata BERLESE, 1916
Verbr.: B, K, N, nT

Oribatella sexdentata BERLESE, 1916
Verbr.: K, oT, V

Oribatella superbula (BERLESE, 1904)
Verbr.: B, K, N, O, S, St, nT [syn.: *Oribatella meridionalis* BERLESE, 1908]

Überfamilie Oripodoidea JACOT, 1925

Familie Haplozetidae GRANDJEAN, 1936

Gattung *Haplozetes* WILLMANN, 1935

[Untergattung von *Indoribates* JACOT, 1929 sensu SUBÍAS 2015]

Haplozetes vindobonensis (WILLMANN, 1935)
Verbr.: K, N (loc. typ.), nT

Gattung *Lagenobates* WEIGMANN & MIKO, 2005

[Untergattung von *Liebstadia* OUDEMANS, 1916 sensu SUBÍAS 2015]

Lagenobates lagenulus (BERLESE, 1904)
Verbr.: B, K, N, O, S, St, nT, oT, V

Gattung *Peloribates* BERLESE, 1908

Peloribates europaeus WILLMANN, 1935
Verbr.: N (loc. typ.), O*, nT, oT

Peloribates longipilosus CSISZAR, 1962
Verbr.: nT, oT

Gattung *Protoribates* BERLESE, 1908

[**Fam. Protoribatidae** BALOGH & BALOGH, 1984 sensu SUBÍAS 2015]

Protoribates capucinus BERLESE, 1908
Verbr.: B, K, N, O, St, nT, oT, V, W*

Protoribates capucinus ssp. *tentaculatus* MIHELČIČ, 1958
[ssp. inquir. sensu SUBÍAS 2015; in MIHELČIČ 1958 sowohl sub *Protoribates capucinus* als auch *P. c. tentaculatus* var. n.]
Verbr.: K (loc. typ.)

Protoribates dentatus (BERLESE, 1883)
[syn.: *Protoribates lophothrichus* sensu WILLMANN 1931. Ältere Meldungen nicht über-prüfbar]
Verbr.: N

Protoribates lophothrichus (BERLESE, 1904)
[*Protoribates lophothrichus* sensu WILLMANN 1931 ist *P. dentatus* (BERLESE, 1883). Ältere Meldungen nicht überprüfbar]
Verbr.: B, N, O, St, nT, V

Gattung *Transoribates* Pérez-Íñigo, 1992

[Fam. Protoribatidae Balogh & Balogh, 1984 sensu Subías 2015]

Transoribates elongatus (Mihelčič, 1953)
[sp. inquir. sensu Subías 2015, ev. syn. von *Pilobates carpetanus* Pérez-Íñigo, 1969?]
Verbr.: K (loc. typ.)

Familie Mochlozetidae Grandjean, 1960

Gattung *Podoribates* Berlese, 1908

Podoribates longipes (Berlese, 1887)
[syn.: *Podoribates gratus* (Sellnick, 1921)]
Verbr.: B, N, O

Familie Oribatulidae Thor, 1929

Gattung *Eporibatula* Sellnick, 1928

[syn. von *Phauloppia* Berlese, 1908 sensu Subías 2015]

Eporibatula venusta (Berlese, 1908)
Verbr.: K, N, O, S, St

Gattung *Lucoppia* Berlese, 1908

Lucoppia burrowsi (Michael, 1890)
Verbr.: N

Gattung *Oribatula* Berlese, 1896

Oribatula amblyptera Berlese, 1916
Verbr.: B, K, N, O, St, nT, V

Oribatula interrupta (Willmann, 1939)
Verbr.: B, K, N, St, nT, oT, V

Oribatula interrupta ssp. ***major*** (Mihelčič, 1963)
[syn.: *Zygoribatula saxicola* Kunst, 1959 nec Halbert, 1920]
Verbr.: oT (loc. typ.)

Oribatula latirostris Willmann, 1951
Verbr.: B (loc. typ.), St

Oribatula longelamellata Schweizer, 1956
Verbr.: St, nT, V

Oribatula neonominata Subías, 2004
[sp. inquir. sensu Pérez-Íñigo 1969, Subías 2015, sub *Oribatula dentata* Mihelčič, 1969 nec Balogh, 1958]
Verbr.: K (loc. typ.)

Oribatula pannonica Willmann, 1949
>Verbr.: B, N

Oribatula tibialis (Nicolet, 1855)
>[syn.: *Zygoribatula incurva* Mihelčič, 1969]
>Verbr.: B, K, N, O, S, St, nT, oT, V, W

Gattung *Phauloppia* Berlese, 1908

Phauloppia lucorum (C.L. Koch, 1840)
>Verbr.: B, K, N, O, St, nT, oT, V

Phauloppia nemoralis (Berlese, 1916)
>Verbr.: N, nT

Phauloppia pilosa (Michael, 1888)
>Verbr.: St, nT, oT

Phauloppia rauschenensis (Sellnick, 1908)
>[syn.: *Eporibatula gessneri* Willmann, 1932]
>Verbr.: K, N, nT, oT

Gattung *Pseudoppia* Pérez-Íñigo, 1966

[Fam. Pseudoppiidae Mahunka, 1974 sensu Subías 2015]

Pseudoppia mediocris (Mihelčič, 1957)
>Verbr.: K, nT

Gattung *Zygoribatula* Berlese, 1916

[Untergattung von *Oribatula* sensu Subías 2015]

Zygoribatula cognata (Oudemans, 1902)
>Verbr.: B, K, N, O, oT

Zygoribatula exarata Berlese, 1916
>Verbr.: B

Zygoribatula excavata (Berlese, 1916)
>Verbr.: N*, W*

Zygoribatula exilis (Nicolet, 1855)
>Verbr.: B, K, N, O, S, St, nT, oT, V, W

Zygoribatula frisiae (Oudemans, 1900)
>Verbr.: K, N, St, nT

Zygoribatula glabra (Michael, 1890)
>Verbr.: N

Zygoribatula intermedia (Mihelčič, 1969)
>Verbr.: K (loc. typ.)

Zygoribatula propinqua (Oudemans, 1902)
>Verbr.: K, N, nT

Zygoribatula undulata BERLESE, 1916
[syn.: *Zygoribatula longiporosa* HAMMER, 1953]
Verbr.: B

Familie Parakalummidae GRANDJEAN, 1936

Gattung *Neoribates* BERLESE, 1914

Neoribates aurantiacus (OUDEMANS, 1914)
Verbr.: B, O, St, nT, oT, V

Neoribates neglectus WILLMANN, 1953
Verbr.: K, S (loc. typ.), St, oT

Neoribates roubali (BERLESE, 1910)
Verbr.: O, S, St, oT

Familie Scheloribatidae GRANDJEAN, 1933

Gattung *Dometorina* GRANDJEAN, 1951

[Fam. Hemileiidae BALOGH & BALOGH, 1984 sensu SUBÍAS 2015]

Dometorina plantivaga (BERLESE, 1895)
Verbr.: K, N, O, St

Gattung *Liebstadia* OUDEMANS, 1906

[Fam. Liebstadiidae BALOGH & BALOGH, 1984 sensu SUBÍAS 2015]

Liebstadia humerata SELLNICK, 1929
Verbr.: B, N, nT, oT

Liebstadia longior (BERLESE, 1908)
[syn.: *Protoribates badensis* SELLNICK, 1929]
Verbr.: B, K, N, O, S, St, nT

Liebstadia pannonica (WILLMANN, 1951)
[syn.: *Protoribates austriacus* WILLMANN, 1953, *P. divergens* MIHELČIČ, 1955. *P. novus* WILLMANN, 1953, *P. variabilis* RAJSKI, 1958]
Verbr.: B, K, N, O, St, nT, oT, V

Liebstadia similis (MICHAEL, 1888)
Verbr.: B, K, N, O, S, St, nT, oT, V

Liebstadia willmanni MIKO & WEIGMANN, 1996
[syn. von *Liebstadia pannonica* WILLMANN, 1951 sensu SUBÍAS 2015]
Verbr.: K, O, nT, V

Gattung *Scheloribates* BERLESE, 1908

Scheloribates ascendens WEIGMANN & WUNDERLE, 1990
Verbr.: O, nT, V

Scheloribates circumcarinatus WEIGMANN & MIKO, 1998 (*Topobates*)
Verbr.: V

Scheloribates distinctus MIHELČIČ, 1964
Verbr.: K (loc. typ.)

Scheloribates fimbriatus THOR, 1930
Verbr.: N*

Scheloribates initialis (BERLESE, 1908) (*Hemileius*)
Verbr.: B, K, N, O, S, St, nT, oT, V

Scheloribates laevigatus (C.L. KOCH, 1835)
Verbr.: B, K, N, O, S, St, nT, oT, V, W

Scheloribates latipes (C.L. KOCH, 1844)
[*Scheloribates pallidulus* ssp. *latipes* sensu SUBÍAS 2015]
Verbr.: B, K, N, O, S, St, nT, oT, V, W*

Scheloribates pallidulus (C.L. KOCH, 1841)
Verbr.: B, K, N, O, S, St, nT, oT, V

Scheloribates cf. *pallidulus* (C.L. KOCH, 1841)
Verbr.: W

Scheloribates parvus AYYILDIZ & LUXTON, 1989 (*Hemileius*)
(syn. von *Hemileius ovalis* KULIJEV, 1968 sensu SUBÍAS 2015)
Verbr.: N

Scheloribates quintus WUNDERLE, BECK & WOAS, 1990
[*Scheloribates laevigatus* ssp. *quintus* sensu SUBÍAS 2015]
Verbr.: K, O, St

Scheloribates rigidisetosus WILLMANN, 1951
Verbr.: B (loc. typ.)

Gattung *Siculobata* GRANDJEAN, 1953

[Fam. Hemileiidae BALOGH & BALOGH, 1984 sensu SUBÍAS 2015]

Siculobata leontonycha (BERLESE, 1910) (*Paraleius*)
Verbr.: N, St

Überfamilie Ceratozetoidea JACOT, 1925

Familie Ceratozetidae JACOT, 1925

Gattung *Ceratozetes* BERLESE, 1908

Ceratozetes gracilis (MICHAEL, 1884)
Verbr.: B, K, N, O, S, St, nT, oT, V

Ceratozetes gracilis ssp. *minor* (Schweizer, 1922)
    Verbr.: St

Ceratozetes laticuspidatus Menke, 1964
    Verbr.: N

Ceratozetes cf. *laticuspidatus* Menke, 1964
    Verbr.: W*

Ceratozetes longispinus (Mahunka & Topercer, 1983) (*Ceratozetella*)
    Verbr.: N

Ceratozetes mediocris Berlese, 1908
    Verbr.: B, K, N, O, S, St, nT, V

Ceratozetes cf. *mediocris* Berlese, 1908
    Verbr.: W

Ceratozetes minimus Sellnick, 1929
    Verbr.: B, N, St, nT, oT

Ceratozetes minutissimus Willmann, 1951
    Verbr.: B, K, N (loc. typ.), St, nT, V, W

Ceratozetes parvulus Sellnick, 1922
    Verbr.: N, St

Ceratozetes peritus Grandjean, 1951
    Verbr.: K, nT, oT

Ceratozetes psammophilus Horak, 2000
    Verbr.: O

Ceratozetes sellnicki Rajski, 1958
    Verbr.: K, N, nT, oT

Ceratozetes spitsbergensis Thor, 1934
    Verbr.: nT

Ceratozetes thienemanni Willmann, 1943
    Verbr.: K, N*, nT, V

Gattung *Ceratozetoides* Shaldybina, 1966

[syn. von *Ceratozetella* Shaldybina, 1966 sensu Subías 2015]

Ceratozetoides cisalpinus (Berlese, 1908)
    Verbr.: K, St, nT [Fehlmeldung von V in Mihelčič 1957, Schatz 1983]

Ceratozetoides maximus (Berlese, 1908)
    [syn.: *Sphaerozetes maximus* Willmann, 1953 nom. praeocc., syn.?: *Sphaerozetes major* Irk, 1939]
    Verbr.: K, O, St, nT

Gattung *Diapterobates* GRANDJEAN, 1936

[Fam. Humerobatidae sensu SUBÍAS 2015]

Diapterobates humeralis (HERMANN, 1804)
Verbr.: B, K, N, O, S, St, nT, oT, V

Diapterobates reticulatus (L. KOCH, 1879)
[syn.: *Diapterobates principalis* (BERLESE, 1914)]
Verbr.: K

Gattung *Edwardzetes* BERLESE, 1914

Edwardzetes edwardsi (NICOLET, 1855)
Verbr.: B, K, N, O, S, St, nT, oT, V

Edwardzetes trilobus MIHELČIČ, 1957
[sp. inquir. sensu SUBÍAS 2015]
Verbr.: nT (loc. typ.)

Gattung *Fuscozetes* SELLNICK, 1928

Fuscozetes fuscipes (C.L. KOCH, 1844)
Verbr.: K, N, O, St, nT, oT

Fuscozetes intermedius CAROLI & MAFFIA, 1934
[syn.?: *Fuscozetes tatricus* SENICZAK, 1993]
Verbr.: K, O*, S, nT, V

Fuscozetes setosus (C.L. KOCH, 1839)
Verbr.: K, N, O, S, St, nT, V

Gattung *Jugatala* EWING, 1913

Jugatala angulata (C.L. KOCH, 1840)
[syn.?: *Jugatala rotunda* WILLMANN, 1953 sensu BAYARTOGTOKH & SCHATZ 2008]
Verbr.: K, S, nT, oT

Jugatala cribelliger (BERLESE, 1904)
Verbr.: nT, oT

Jugatala rotunda WILLMANN, 1953
[syn.? von *Jugatala angulata* (C.L. KOCH, 1839) sensu BAYARTOGTOKH & SCHATZ 2008]
Verbr.: St (loc. typ.)

Gattung *Melanozetes* HULL, 1916

Melanozetes interruptus WILLMANN, 1953
Verbr.: K, S (loc. typ.), St, oT

Melanozetes meridianus SELLNICK, 1929
Verbr.: K, O*, S, St, nT, oT, V

Melanozetes mollicomus (C.L. KOCH, 1839)
> Verbr.: K, N, O, S, St, nT, oT, V

Gattung *Oromurcia* THOR, 1930

Oromurcia sudetica WILLMANN, 1939
> [syn.? von *Oromurcia bicuspidata* THOR, 1930; syn.? *Trichoribates lucens distinguendus* BERLESE, 1923, sp. inquir. sensu SUBÍAS 2015]
> Verbr.: K, N, S, St, nT, oT, V

Gattung *Sphaerozetes* BERLESE, 1885

Sphaerozetes orbicularis (C.L. KOCH, 1835)
> Verbr.: B, K, N, O, S, St

Sphaerozetes piriformis (NICOLET, 1855)
> Verbr.: B, K, N, O, S, St, nT, oT, V

Sphaerozetes tricuspidatus WILLMANN, 1923
> Verbr.: O, W

Gattung *Trichoribates* BERLESE, 1910

Trichoribates berlesei JACOT, 1929
> [sub *Trichoribates trimaculatus* (C.L. KOCH, 1835) sp. inquir. sensu SUBÍAS 2015]
> Verbr.: B, K, N, O, S, St, nT, oT, V, W

Trichoribates incisellus (KRAMER, 1897) *(Latilamellobates)*
> Verbr.: B, K, N, O, S, St, nT, oT, V

Trichoribates longipilis WILLMANN, 1951
> [sp. inquir. sensu WEIGMANN 2006; valid sp. sub *Trichoribates (Latilamellobates) longipilis* sensu SUBÍAS 2015]
> Verbr.: K, S (loc. typ.), oT

Trichoribates monticola (TRÄGÅRDH, 1902)
> [syn.: *Trichoribates montanus* IRK, 1939]
> Verbr.: K, S, nT

Trichoribates novus (SELLNICK, 1929)
> Verbr.: K, N, O, St, nT, V

Trichoribates oxypterus (BERLESE, 1910) *(Latilamellobates)*
> [syn. von *Trichoribates (Latilamellobates) incisellus* (KRAMER, 1897) sensu SUBÍAS 2015]
> Verbr.: B, K, S, nT, oT

Trichoribates punctatus SHALDYBINA, 1971
> Verbr.: oT

Trichoribates scilierensis BAYARTOGTOKH & SCHATZ, 2008
> Verbr.: nT, oT, V

Familie Chamobatidae GRANDJEAN, 1954

Gattung *Chamobates* HULL, 1916

Chamobates birulai (KULCZYNSKI, 1902)
> [syn.: *Chamobates tricuspidatus* WILLMANN, 1953 sensu auct.; Synonymisierung von manchen Autoren angezweifelt]
> Verbr.: K, N, O, nT, V

Chamobates borealis (TRÄGÅRDH, 1902)
> [syn. von *Chamobates pusillus* (BERLESE, 1895) sensu SUBÍAS 2015]
> Verbr.: B, K, N, O, St, nT, oT, V

Chamobates cuspidatus (MICHAEL, 1884)
> Verbr.: B, K, N, O, S, St, nT, oT, V

Chamobates interpositus PSCHORN-WALCHER, 1953 (*Xiphobates*)
> [syn.: *Chamobates longipilis* WILLMANN, 1953]
> Verbr.: K, O, St (loc. typ.), nT, oT

Chamobates pusillus (BERLESE, 1895)
> [syn. von *Chamobates (Xiphobates) rastratus* (HULL, 1914) sensu SUBÍAS 2015]
> Verbr.: B, K, N*, O, St, nT, V

Chamobates rastratus (HULL, 1914)
> [syn. von *Chamobates spinosus* SELLNICK, 1929 siehe WEIGMANN et al 2015]
> Verbr.: B, K, N, S, nT, oT

Chamobates schuetzi (OUDEMANS, 1902)
> [sp. inquir. sensu WEIGMANN 2006; valid sp. sensu SUBÍAS 2015]
> Verbr.: B, K, N, O, S, St

Chamobates subglobulus (OUDEMANS, 1900)
> [syn.: *Oribata lapidaria* LUCAS, 1849]
> Verbr.: B, N, O, St, nT, oT, V

Chamobates tricuspidatus WILLMANN, 1953
> [syn. von *Chamobates birulai* (KULCZYNSKI, 1902); Synonymisierung von manchen Autoren angezweifelt]
> Verbr.: K (loc. typ.), St, nT, oT

Chamobates voigtsi (OUDEMANS, 1902) (*Xiphobates*)
> Verbr.: B, K, N, O, S, St, nT, oT, V, W*

Gattung *Globozetes* SELLNICK, 1928

Globozetes longipilus SELLNICK, 1929
> Verbr.: B, K, N, O, St, nT

Familie Euzetidae GRANDJEAN, 1954

Gattung *Euzetes* BERLESE, 1908

Euzetes globulus (NICOLET, 1855)
Verbr.: B, K, N, O, S, St, nT, oT, V

Familie Humerobatidae GRANDJEAN, 1971

Gattung *Humerobates* SELLNICK, 1928

Humerobates rostrolamellatus GRANDJEAN, 1936
Verbr.: St

Familie Mycobatidae GRANDJEAN, 1954

[**Fam. Punctoribatidae** THOR, 1937 sensu SUBÍAS 2015]

Gattung *Minunthozetes* HULL, 1916

Minunthozetes pseudofusiger (SCHWEIZER, 1922)
Verbr.: B, K, N, O, S, St, nT, oT, V

Minunthozetes semirufus (C.L. KOCH, 1841)
Verbr.: B, K, N, O, S, St, nT, oT, V

Gattung *Mycobates* HULL, 1916

Mycobates alpinus (WILLMANN, 1951)
Verbr.: K, N*, O*, S (loc. typ.), St, nT, V

Mycobates bicornis (STRENZKE, 1954)
Verbr.: K, St, nT, oT, V

Mycobates carli (SCHWEIZER, 1922)
[auch sub *Mycobates* sp., FISCHER & SCHATZ 2010, 2013]
Verbr.: K, N*, S, St, nT, V

Mycobates debilis MIHELČIČ, 1957
Verbr.: nT, V (loc. typ.)

Mycobates parmeliae (MICHAEL, 1884)
Verbr.: B, K, N, O, S, St, nT, oT, V

Mycobates sarekensis (TRÄGÅRDH, 1910)
[syn.: *Mycobates consimilis* HAMMER, 1952]
Verbr.: nT, V

Mycobates tridactylus WILLMANN, 1929
Verbr.: K, O, nT

Gattung *Punctoribates* BERLESE, 1908

Punctoribates hexagonus BERLESE, 1908
Verbr.: B, N, O, St

Punctoribates punctum (C.L. KOCH, 1839)
[syn.: *Punctoribates latilobatus* KUNST, 1957]
Verbr.: B, K, N, O, St, nT, oT, W

Punctoribates sellnicki WILLMANN, 1928
Verbr.: B, K, N, nT, V

Punctoribates sellnicki ssp. *crassirostris* STRENZKE, 1952
Verbr.: nT

Familie Zetomimidae SHALDYBINA, 1966

Gattung *Heterozetes* WILLMANN, 1917

[Fam. Heterozetidae KUNST, 1971 sensu SUBÍAS 2015]

Heterozetes palustris WILLMANN, 1918
Verbr.: nT

Gattung *Zetomimus* HULL, 1916

[Fam. Ceratozetidae JACOT, 1925 sensu SUBÍAS 2015]

Zetomimus furcatus (WARBURTON & PEARCE, 1905)
Verbr.: B, K, nT

Überfamilie Galumnoidea JACOT, 1925

Familie Galumnidae JACOT, 1925

Gattung *Acrogalumna* GRANDJEAN, 1956

Acrogalumna longipluma (BERLESE, 1904)
[syn.: *Galumna latiplumus* MIHELČIČ, 1952, *G. longiporus* MIHELČIČ, 1952]
Verbr.: B, K, N, O, S, St, nT, oT, V

Acrogalumna longipluma ssp. *confluentina* (WILLMANN, 1953)
[ssp. inquir. sensu SUBÍAS 2015]
Verbr.: K (loc. typ.)

Gattung *Allogalumna* GRANDJEAN, 1936

Allogalumna parva (BERLESE, 1916)
[syn: *Allogalumna alamellae* (JACOT, 1935)]
Verbr.: W*

Gattung *Galumna* VON HEYDEN, 1826

Galumna alata (HERMANN, 1804)
[*Galumna alata* sensu WILLMANN 1931 ist *Allogalumna alamellae* JACOT, 1935. Ältere Meldungen nicht überprüfbar]
Verbr.: B, N, O, nT, oT

Galumna berlesei OUDEMANS, 1919
Verbr.: B

Galumna dimorpha KRIVOLUTSKAJA, 1952
Verbr.: K

Galumna elimata (C.L. KOCH, 1841)
Verbr.: B, K, N, O, S, St, nT, oT

Galumna europaea (BERLESE, 1915)
Verbr.: B

Galumna flagellata WILLMANN, 1925
Verbr.: B, K, N, nT

Galumna lanceata (OUDEMANS, 1900)
[syn.: *Galumna dubia* MIHELČIČ, 1953, *G. exiguoareata* MIHELČIČ, 1953, *Galumna dorsalis* (C.L. KOCH, 1841) sensu WILLMANN 1931. Ältere Meldungen nicht überprüfbar]
Verbr.: B, K, N, O, S, St, nT, oT, V, W*

Galumna obvia (BERLESE, 1915)
Verbr.: O, nT, V

Galumna polyporus MIHELČIČ, 1952
[sp. inquir. sensu SUBÍAS 2015]
Verbr.: oT (loc. typ.)

Galumna tarsipennata OUDEMANS, 1913
Verbr.: B, N, nT, oT

Gattung *Pergalumna* GRANDJEAN, 1936

Pergalumna altera (OUDEMANS, 1915)
Verbr.: B, K, N, nT, oT, V

Pergalumna dorsalis (C.L. KOCH, 1841)
[syn.: *P. dorsalis* sensu WILLMANN 1931 ist *Galumna lanceata* (OUDEMANS, 1900) sensu WEIGMANN 2006. Ältere Meldungen nicht überprüfbar]
Verbr.: B, K, N, S, St, nT

Pergalumna formicaria (BERLESE, 1914)
Verbr.: B, N, O, St, nT, oT

Pergalumna myrmophila (BERLESE, 1914)
Verbr.: K, N

Pergalumna nervosa (BERLESE, 1914)
Verbr.: B, K, N, O, S, St, nT, oT, V

Pergalumna willmanni (Zachvatkin, 1953)
    Verbr.: K

Gattung *Pilogalumna* Grandjean, 1956

Pilogalumna crassiclava (Berlese, 1914)
    Verbr.: B, K, N, nT, oT, V, W [syn.: *Pilogalumna allifera* (Oudemans, 1915)]

Pilogalumna tenuiclava (Berlese, 1908)
    Verbr.: B, K, N, O, S, St, nT, oT, V

2. Problematica

Nomina nuda

Die Anordnung der unten genannten Arten erfolgt in alphabetischer Reihenfolge der Gattungen.

Belba minor Mihelčič
    nomen nudum in Mihelčič 1953; Verbr.: K

Cepheus lobatus Mihelčič
    nomen nudum in Mihelčič 1953; Verbr.: K

Lohmannia admontensis Leitner
    nomen nudum in Franz 1950; Verbr.: St

Oribatella brevidentata Willmann
    nomen nudum in Franz 1950; Verbr.: B

Oribotritia decumana (C.L. Koch, 1836); nomen nudum. Die alten Verbreitungsangaben (B, K, N, O, St, nT, oT) lassen sich nicht mehr den einzelnen *Oribotritia*-Arten zuordnen.

Phthiracarus psoidus Berlese
    nomen nudum in Franz 1950; Verbr.: St

Suctobelba media Mihelčič
    nomen nudum in Mihelčič 1953; sp. inquir. sensu Subías 2015. Verbr.: K

Tectocepheus grandis Franke
    nomen nudum in Franz 1950; Verbr.: St

Zetorchestes micronychus (Berlese, 1883)
    nomen nudum (sensu Krisper 1984); ältere Meldungen lassen sich nicht den validen
    Arten zuordnen.

IV Literatur

Bayartogtokh, B. & Schatz, H. (2008): *Trichoribates* and *Jugatala* (Acari: Oribatida: Ceratozetidae) from the Central and Southern Alps, with notes on their distribution. — Zootaxa **1948**: 1–35.

Beier, M. 1928: Die Milben in den Biozönosen der Lunzer Hochmoore. — Zeitschrift für Morphologie und Ökologie der Tiere **11**: 161–181.

BUITENDIJK, A.M. 1945: Voorloopige Catalogus van de Acari in de Collectie Oudemans. — Zoologische Mededelingen **24**: 281–391.

FISCHER, B.M. & SCHATZ, H. 2010: Spinnentiere (Arachnida): Hornmilben (Oribatida). — In GROS, P., LINDNER, R. & MEDICUS, C. (Eds.): Nationalpark Hohe Tauern, Tag der Artenvielfalt 2009, 31. Juli bis 2. August 2009 – Dösental (Kärnten). Ergebnisbericht im Auftrag des Nationalparks Hohe Tauern. Haus der Natur, Salzburg, S. 74–75.

FISCHER, B.M. & SCHATZ, H. 2013: Biodiversity of oribatid mites (Acari: Oribatida) along an altitudinal gradient in the Central Alps. — Zootaxa **3626** (4): 429–454.

FRANZ, H. 1950: Bodenzoologie als Grundlage der Bodenpflege. — Berlin: Akademie-Verlag.

FRANZ, H. 1954: Die Nordostalpen im Spiegel ihrer Landtierwelt. — Innsbruck: Universitätsverlag Wagner.

FRANZ, H. & BEIER, M. 1948: Zur Kenntnis der Bodenfauna im pannonischen Klimagebiet Österreichs. II. Die Arthropoden. — Annalen des Naturhistorischen Museums in Wien **56**: 440–549.

GRANDJEAN, F. 1943: Observations sur les Oribates (16e série). — Bulletin du Muséum national d'histoire naturelle **15** (2): 410–417.

GRANDJEAN, F. 1953: Observations sur les Oribates (25e série). — Bulletin du Muséum national d'histoire naturelle **25** (2): 155–162.

KRANTZ, G. W. & WALTER, D.E. (Eds.) 2009: A manual of Acarology, 3rd edition. — Lubbock, Texas: Texas Tech University Press.

KRISPER, G. 1984: Wiederbeschreibung und Verbreitungsanalyse der bodenbewohnenden Milbe *Zetorchestes falzonii* Coggi (Acari, Oribatei). — Mitteilungen des Naturwissenschaftlichen Vereines für Steiermark **114**: 331–350.

KRISPER, G. & LAZARUS, S. 2014: Bodenzoologische Untersuchungen an zwei Trockenrasen in der Steiermark – Erstnachweise von Hornmilben (Acari, Oribatida). — Mitteilungen des Naturwissenschaftlichen Vereines für Steiermark **143**: 121–130.

LAZARUS, S. & KRISPER, G. 2014: Diversity of the oribatid mite fauna (Acari, Oribatida) in two dry meadows in Styria (Austria). — Soil Organisms **86**: 117–124.

MARSHALL, V.G., REEVES, R.M. & NORTON, R.A. 1987: Catalogue of the Oribatida (Acari) of Continental United States and Canada. — Memoirs of the Entomological Society of Canada **139**: 418 pp.

MIHELČIČ, F. 1953: Ein Beitrag zur Kenntnis der Bodenfauna Kärntens. — Carinthia II, **64/143**: 105–114.

MIHELČIČ, F. 1957: Milben (Acarina) aus Tirol und Vorarlberg. — Veröffentlichungen des Tiroler Landesmuseums Ferdinandeum Innsbruck **37**: 99–120.

MIHELČIČ, F. 1958: Algunas descripciones de oribátidos hallados en yacimientos humedos. — Eos – Revista Espanola de Entomologia **34**: 55–68.

NIEDBAŁA, W. 1986: Catalogue des Phthiracaroidea (Acari), clef pour la détermination des espèces et descriptions d'espèces nouvelles. — Annales Zoologici, Warszawa **40**: 309–370.

PÉREZ-ÍÑIGO, C. 1969: Nuevos Oribatidos de suelos españoles (Acari, Oribatei). — EOS – Revista Espanola de Entomologia **44**: 377–403.

SCHATZ, H. 1983: U.-Ordn.: Oribatei, Hornmilben. Catalogus Faunae Austriae, Teil IXi. — Wien: Österreichische Akademie der Wissenschaften.

SCHATZ, H., BEHAN-PELLETIER, V.M., OCONNOR, B.M. & NORTON, R.A. 2011: Animal Diversity, Suborder Oribatida. — Zootaxa **3148**: 141–148.

SCHATZ, H. & FISCHER, B.M. 2015: Neumeldungen von Hornmilben (Acari: Oribatida) für Nordtirol (Österreich) aus Trockenrasen. — Gredleriana **15**: 65–76.

SCHUSTER, R. 1960: Die europäischen Arten der Gattung *Perlohmannia* (Acari, Oribatei). — Zoologischer Anzeiger **164**: 185–195.

SCHUSTER, R. 1961: Arthropoda. In: KEPKA O. & SCHUSTER R. Allgemeine faunistische Nachrichten aus der Steiermark, VIII. — Mitteilungen des Naturwissenschaftlichen Vereines für Steiermark **91**: 77–79.

SUBÍAS, L.S. 2015: Listado sistemático, sinonímico y biogeográfico de los ácaros oribátidos (Acariformes: Oribatida) del mundo. — Graellsia **60** (número extraordinario): 3–305 (2004). [Update April 2007, March 2015]

WEIGMANN, G. 2006: Hornmilben (Oribatida). Die Tierwelt Deutschlands, 76. Teil. — Keltern: Goecke & Evers.

WEIGMANN, G., HORAK, F., FRANKE, K. & CHRISTIAN, A. 2015: Acarofauna Germanica – Oribatida. Verbreitung und Ökologie der Hornmilben (Oribatida) in Deutschland. — Peckiana **10**: 1–171.

WEIGMANN, G. & SCHATZ, H. 2015: Redescription of *Coronoquadroppia monstruosa* (Hammer, 1979) (Acari, Oribatida, Quadroppiidae) from Java and variability of the species in Europe. — Zootaxa **3926** (3): 329–350.

WILLMANN, C. 1931: Moosmilben oder Oribatiden (Cryptostigmata). — In DAHL F. (Ed.): Die Tierwelt Deutschlands, 22. Teil, vol. 5. — Jena: Gustav Fischer, pp. 79–200.

Anschriften der Verfasser:

Dr. Günther KRISPER
Institute of Zoologie, University of Graz, Universitätsplatz 2, A-8010 Graz
E-Mail: guenther.krisper@gmail.com

Dr. Heinrich SCHATZ
Institut für Zoology, Universität Innsbruck, Technikerstraße 25, A-6020 Innsbruck
E-Mail: heinrich.schatz@uibk.ac.at

Univ.-Prof. Dr. Reinhart SCHUSTER
Institute of Zoology, University of Graz, Universitätsplatz 2, A-8010 Graz
E-Mail: reinhart.schuster@uni-graz.at